Upendrasingh Jadeja
Kiran Rajpara
Khyati Patel

Estudo e Análise de Novas Séries Homólogas de Cristais Líquidos

Upendrasingh Jadeja
Kiran Rajpara
Khyati Patel

Estudo e Análise de Novas Séries Homólogas de Cristais Líquidos

ScienciaScripts

Imprint

Cover image: www.ingimage.com

This book is a translation from the original published under ISBN 978-620-2-30399-6.

Publisher:
Sciencia Scripts
is a trademark of
Dodo Books Indian Ocean Ltd. and OmniScriptum S.R.L publishing group

120 High Road, East Finchley, London, N2 9ED, United Kingdom
Str. Armeneasca 28/1, office 1, Chisinau MD-2012, Republic of Moldova, Europe
Printed at: see last page
ISBN: 978-620-7-62785-1

Prefácio

A descoberta dos cristais líquidos como fase intermédia entre o sólido e o líquido é atribuída ao botânico austríaco Friedrich Reinitzer. Em 1888, ao fazer experiências com um certo tipo de colesterol nas plantas, descobriu que este sofria duas transições, nomeadamente de um sólido para um líquido turvo e depois para um líquido claro. Otto Lehmann observou posteriormente um comportamento semelhante noutras substâncias.

Os cristais líquidos são materiais invulgares. Como o seu nome sugere, situam-se na zona cinzenta entre os líquidos e os sólidos. Apresentam uma ordem de orientação de longo alcance, tipicamente em relação aos eixos individuais das suas moléculas em forma de bastão ou de placa. As variações espaciais desta orientação média das moléculas são absorvidas pela chamada elasticidade de curvatura (Frank). Por outro lado, os cristais líquidos podem fluir, embora como líquidos anisotrópicos. Os polímeros são também materiais invulgares. Acima da transição vítrea, a física é dominada principalmente pela elevada entropia inerente à desordem das suas moléculas de cadeia longa. A resistência à alteração da forma molecular resulta principalmente da necessidade de manter uma entropia elevada.

Este livro trata dos fenómenos que ocorrem quando estes dois materiais marginais, cristais líquidos e polímeros, são combinados para formar um material ainda mais misterioso - cristais líquidos poliméricos. Este estudo está a ser conduzido pelo Dr. Upendrasingh Jadeja no Departamento de Química da Universidade de Gujarat, Ahmedabad.

Esperamos que os leitores apreciem este texto e o considerem útil para os seus respectivos estudos.

Dr. Upendrasingh Jadeja Dr. Khyati Patel
Dr. Kiran M. Rajpara

Capítulo 1

Introdução

1.1 Cristais líquidos

Existem três estados básicos da matéria, o sólido, o líquido e o gasoso [1]. Estes podem transformar-se uns nos outros em condições adequadas. O estado líquido cristalino é considerado o quarto estado da matéria [2-4]. No decurso do aprofundamento da compreensão dos estados da matéria, verificou-se que existem outros estados da matéria na natureza, por exemplo, o estado de plasma, o sólido amorfo, o supercondutor, o estado líquido cristalino, o estado de neutrões, etc. Entre eles, o estado de cristal líquido é o mais importante. Entre eles, o estado de cristal líquido é o objeto desta investigação [5-10]. O termo cristal líquido é ao mesmo tempo fascinante e enigmático. Embora o termo pareça contraditório, é de facto uma tentativa de descrever as propriedades de um estado particular da matéria. Os cristais líquidos podem ser descritos como um estado líquido condensado com anisotropia espontânea. O estado líquido-cristalino é um quarto estado da matéria que combina as propriedades do estado líquido e do estado sólido e se situa entre os dois estados em muitas das suas propriedades. Os cristais líquidos combinam um tipo de ordenação de longo alcance com a capacidade de formar e verter gotículas [11-15]. Apresentam também propriedades que não se encontram nem no estado líquido nem no estado sólido. A Figura 1 mostra as informações mais importantes sobre os cristais líquidos.

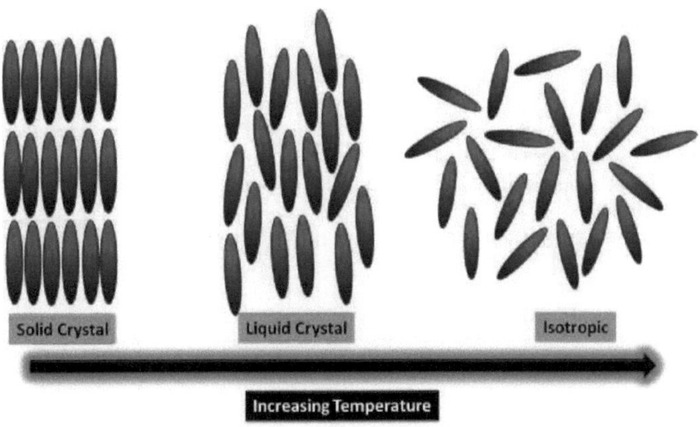

Figura 1: Diferenças estruturais básicas entre sólidos, cristais líquidos e líquidos isotrópicos.

Quando um sólido que passa pela fase líquido-cristalina é aquecido, o sólido transforma-se num sistema turvo, ou seja, é birrefringente e líquido, a consistência dos diferentes compostos varia entre a de uma pasta e a de um líquido de fluxo livre [16]. Quando o sistema turvo é aquecido, transforma-se num líquido isotrópico (as propriedades ópticas são as mesmas, independentemente da direção de medição). Quando o sistema é arrefecido, o processo é invertido; no entanto, alguns cristais líquidos arrefecem durante o arrefecimento e formam uma fase instável (monotrópica). Os cristais líquidos reagem ao seu ambiente e a forças externas, que têm um forte efeito no seu comportamento [17-21].

As características do estado líquido-cristalino são a tendência dos mesogéneos para se alinharem ao longo de um eixo comum, o chamado diretor [22-25]. Isto contrasta com as moléculas na fase líquida, que não têm ordem intrínseca. No estado sólido, as moléculas são altamente ordenadas e têm pouca liberdade de translação [2627]. A ordem orientacional caraterística do estado de cristal líquido situa-se entre as fases sólida e líquida convencionais e está na origem do termo estado mesogénico, que é utilizado como sinónimo do estado de cristal líquido [28-35].

1.2 Breve história dos cristais líquidos termotrópicos

A descoberta dos cristais líquidos é geralmente atribuída a um botânico austríaco chamado Friedrich Reinitzer. Quando determinou o ponto de fusão do benzoato de colesterilo mostrado na Figura 2 em 1888, notou o comportamento invulgar de fusão deste composto [1]. A fusão de um sólido para um líquido turvo ocorre a 145,5°C e a 178,5°C parece voltar a fundir-se num líquido claro. Observou também um comportamento de cor invulgar no arrefecimento. Este estranho fenómeno de "dupla fusão" foi explicado pelo físico alemão Otto Lehmann [36]. Inicialmente referiu-se a eles como "cristais moles", usando mais tarde o termo "líquidos cristalinos". Como estava cada vez mais convencido de que a fase opaca era uma fase uniforme da matéria que exibia as propriedades tanto dos líquidos como dos sólidos, começou a chamar-lhes "cristais líquidos".

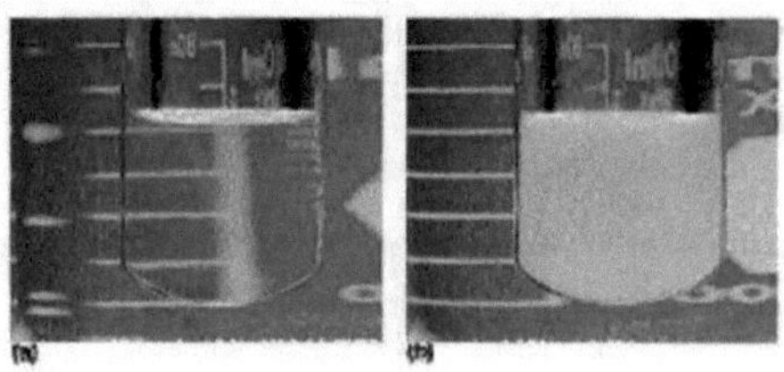

Figura 2: Ponto de fusão e ponto de transparência do benzoato de colesterilo

A própria descoberta dos cristais líquidos foi um esforço multidisciplinar, o que também se aplica à ciência e tecnologia dos cristais líquidos atualmente. É de notar que os investigadores já trabalhavam em cristais líquidos na década de 1850, mas não reconheciam a singularidade do fenómeno [8]. Durante a década seguinte, foram conhecidos cerca de 15 cristais líquidos. Todos estes materiais foram descobertos apenas por acaso, uma vez que não se conhecia qualquer ligação entre a forma molecular e o estado líquido cristalino. Na primeira metade do século XX, os progressos foram feitos principalmente por químicos que descobriram novos tipos de moléculas de cristais líquidos. Daniel Vorlander, professor de química na Universidade de Halle, iniciou no início do século XX um trabalho de síntese sistemática para descobrir a relação estrutura-mesofase e, em 1935, cerca de 1100 compostos de cristais líquidos tinham sido produzidos apenas no seu laboratório [37]. Verificou que todos os compostos que apresentavam mesofases tinham moléculas alongadas (em forma de bastão), atualmente conhecidas como moléculas calamíticas. Em 1965, a aplicação de cristais líquidos colestéricos em termografia foi apresentada na Conferência Internacional de Cristais Líquidos (ILCC), mas em 1968, o grupo de Heliometer deu a primeira indicação de uma aplicação de cristais líquidos na tecnologia de visualização electro-ótica.

Este relatório aumentou exponencialmente o interesse na investigação dos cristais líquidos, que continua até aos dias de hoje. Em 1992, o número de materiais cristalinos líquidos tinha aumentado para cerca de 50.000 e, até à data, são conhecidos na literatura mais de cem mil compostos cristalinos líquidos. Em 1977, Chandrasekhar e seus colegas relataram que não apenas moléculas em forma de bastão, ou seja, moléculas calamíticas, mas também compostos com uma forma molecular em forma de disco são capazes de formar mesofases [38-39]. A mais recente adição à família dos cristais líquidos são as moléculas em forma de banana de 1996 [40-43]. A sua estrutura molecular consiste tipicamente em três unidades: uma unidade central angular, dois núcleos rígidos lineares e cadeias alquílicas terminais. A descoberta da ferroeletricidade em moléculas não quirais em forma de banana conduziu a uma atividade de investigação muito intensa neste domínio. Até à data, foram sintetizadas várias centenas de formas de moléculas curvas. As moléculas curvas permitem o acesso a mesofases com ordem polar e quiralidade supramolecular. Alguns LCs supramoleculares baseados em calixareno estão listados na literatura [44].

1.3 Parâmetros de encomenda

Para quantificar a quantidade de ordem presente num material, é definido um parâmetro de ordem (S). Tradicionalmente, o parâmetro de ordem é especificado da seguinte forma:

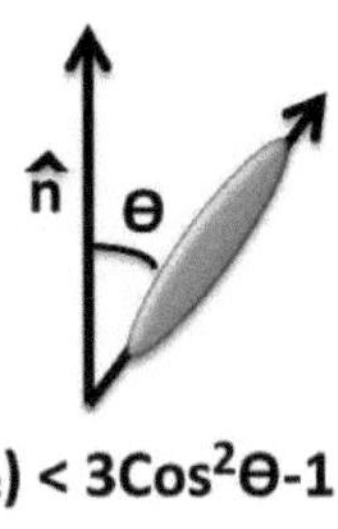

$$S = (\tfrac{1}{2}) \langle 3\cos^2\theta - 1 \rangle$$

Theta é o ângulo entre o diretor e o eixo longitudinal da respectiva molécula. Os parêntesis indicam a média de todas as moléculas da amostra. Num líquido isotrópico, o valor médio dos termos de cosseno é zero e, portanto, o parâmetro de ordem é zero. Para um cristal perfeito, o parâmetro de ordem é igual a um. Os valores típicos para o parâmetro de ordem de um cristal líquido situam-se entre 0,3 e 0,9, sendo o valor exato uma função da temperatura devido ao movimento molecular cinético. Isto é ilustrado abaixo para um material de cristal líquido nemático [45].

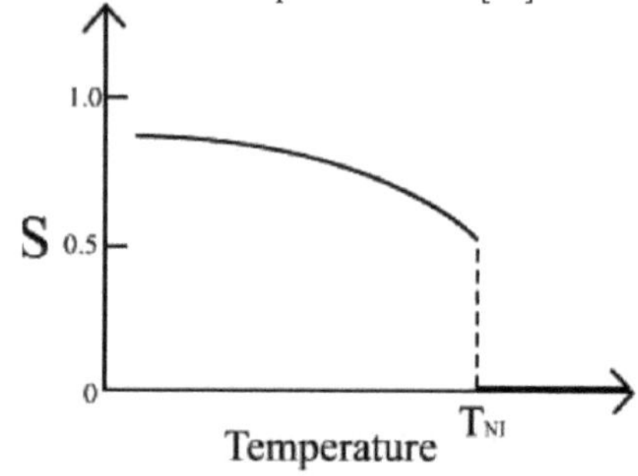

A tendência das moléculas de cristais líquidos para se alinharem ao longo do condutor conduz a uma condição conhecida como anisotropia. Este termo significa que as propriedades de um material dependem da direção em que são medidas. Por exemplo, é mais fácil cortar um pedaço de madeira ao longo do veio do que contra ele. A natureza anisotrópica dos cristais líquidos é responsável pelas propriedades ópticas únicas que são utilizadas por cientistas e engenheiros numa variedade de aplicações [46-48].

1.4 Classificação dos cristais líquidos

Os cristais líquidos podem ser divididos em duas categorias básicas: Termotrópicos e liotrópicos (Figura 3). As transições de fase dos cristais líquidos termotrópicos dependem da temperatura, enquanto as transições de fase dos cristais líquidos liotrópicos dependem tanto da temperatura como da concentração. Os cristais líquidos liotrópicos não se agregam em esferas, colunas ou estruturas laminares. Estes sistemas liotrópicos dependem das propriedades do solvente. Em comparação com os cristais líquidos termotrópicos, não têm aplicações comerciais. Esta é a razão da escolha dos cristais líquidos termotrópicos como um dos principais interesses do presente estudo. Dependendo do tipo de moléculas (orgânicas, inorgânicas e organometálicas); dependendo da forma geométrica das moléculas (em forma de bastão, em forma de disco, com um núcleo dobrado); dependendo do arranjo das moléculas na fase líquida cristalina (fases nemática, esmética, colunar, espiral, azul, etc.). No entanto, a classificação mais utilizada dos cristais líquidos divide-se em duas categorias principais: (a) cristais líquidos termotrópicos (a formação da mesofase depende da temperatura) e (b) cristais líquidos liotrópicos (a formação da mesofase depende do solvente e da concentração). Se um composto apresentar fases de cristais líquidos termotrópicos e liotrópicos, é referido como um cristal líquido anfotrópico. Uma vez que este trabalho se debruça sobre os cristais líquidos termotrópicos, apresenta-se de seguida uma breve introdução aos cristais líquidos liotrópicos, uma vez que estes desempenham um papel importante nos sistemas vivos [49-50].

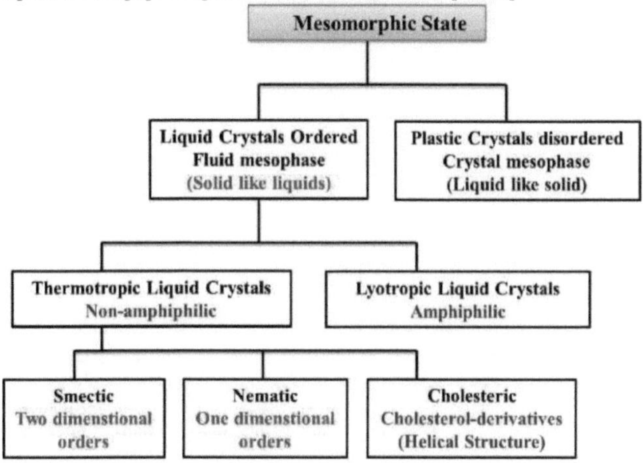

Figura 3: Classificação dos cristais líquidos.

1.4.1 Cristais líquidos liotrópicos

Um material líquido cristalino é descrito como liotrópico se as fases com uma ordem orientacional de longo alcance forem induzidas pela adição de um solvente. Os LCs liotrópicos são sistemas de dois componentes nos quais um anfifilo é dissolvido num solvente. Em misturas de diferentes componentes, as transições de fase também podem depender da concentração, e esses cristais líquidos são chamados de liotrópicos. As mesofases liotrópicas são, portanto, dependentes da concentração e da solução. Os compostos anfifílicos são caracterizados por duas partes diferentes, uma "cabeça" polar hidrofílica e uma "cauda" hidrofóbica. São amplamente conhecidas três classes diferentes de estruturas de fase de cristais líquidos liotrópicos. São elas a fase cúbica, a fase hexagonal colunar e a fase lamelar (ver Figura 4), cujas estruturas foram classificadas utilizando técnicas de difração de raios X [51].

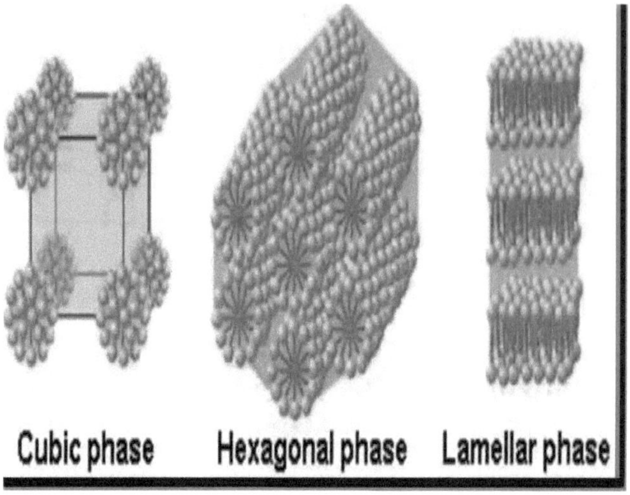

Figura 4: Fases cristalinas líquidas liotrópicas

As moléculas activas (como os tensioactivos) reúnem-se numa variedade de estruturas agregadas, como esferas, discos e tubos longos. Estes agregados são designados micelas e o seu tamanho varia entre alguns nanómetros e vários milhares de nanómetros. As próprias micelas podem também organizar-se em filas regulares, à semelhança dos átomos nos cristais normais. Existem três classes diferentes de estruturas de fase de cristais líquidos liotrópicos que são amplamente reconhecidas.

1.4.2 Cristais líquidos termotrópicos

Quando as fases cristalinas líquidas são obtidas variando a temperatura dos compostos, elas são chamadas de cristais líquidos termotrópicos [52-53]. A mesofase pode ser obtida pelo aquecimento de um sólido ou pelo arrefecimento de um líquido isotrópico. A temperatura de transição do cristal para a mesofase é denominada ponto de fusão, enquanto a temperatura de transição para a mesofase é denominada ponto de fusão.

A temperatura de transição entre a mesofase e o líquido isotrópico é designada por ponto de compensação. O requisito essencial para que uma molécula seja um cristal líquido termotrópico é uma estrutura constituída por um núcleo central (frequentemente aromático) e uma parte periférica flexível (geralmente cadeias alifáticas). Com base na forma das moléculas mesogénicas, os cristais líquidos termotrópicos são classificados em três grupos principais (ver Figura 5): (a) LCs calamíticos (em forma de haste), (b) LCs discóticos (em forma de disco) e (c) LCs de núcleo dobrado (em forma de banana).

Figura 5: Classificação dos cristais líquidos

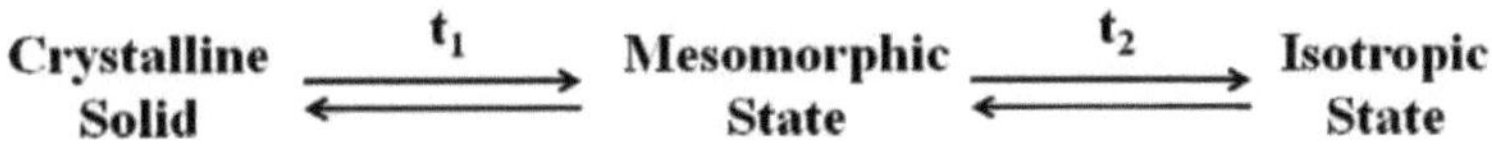

1.4.1.1 Cristais líquidos enantiotrópicos

Se for possível detetar mesofases termodinamicamente estáveis durante o aquecimento e o arrefecimento, as fases são designadas por mesofases enantiotrópicas. As transições t1 e t2 ocorrem a temperaturas definidas com precisão e são exatamente reversíveis [54]. A representação esquemática da mesofase enantiotrópica pode ser vista na Figura 6.

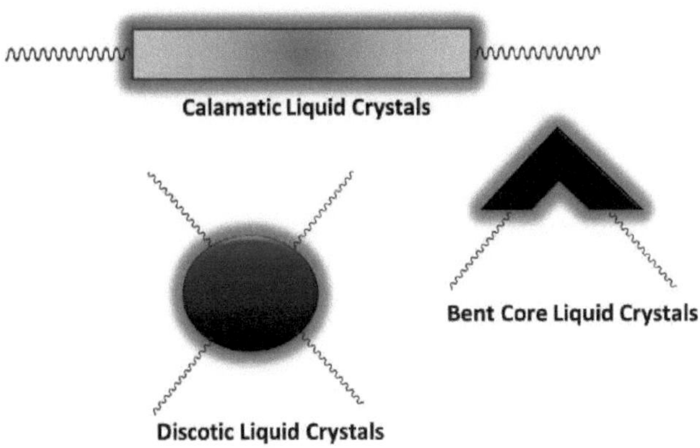

Figura 6: Sequência de fases de LCs enantiotrópicos.

1.4.2.2 Cristais líquidos monotrópicos

Nalguns casos, um sólido funde-se a um líquido isotrópico à temperatura t1, no arrefecimento a temperatura pode cair significativamente abaixo de t1 e pode ocorrer uma mesofase à temperatura t2 antes de ocorrer a cristalização. Este tipo de estado mesomórfico, em que t2 está a uma temperatura inferior a t1 e só é observado no arrefecimento, é designado por mesofase monotrópica [54]. A representação esquemática da mesofase monotrópica é mostrada na Figura 7.

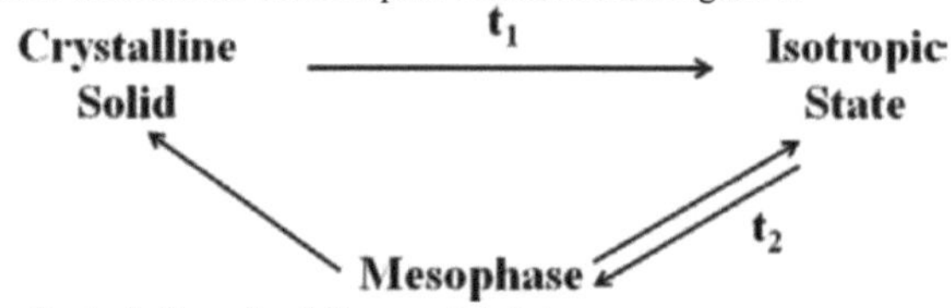

Figura 7: Sequência de fases dos LCs enantiotrópicos.

1.4.2.3 Fase nemática

Nematic (palavra grega) significa fio e descreve as estruturas semelhantes a fios que podem ser observadas ao microscópio. Nas estruturas nemáticas, as moléculas estão dispostas paralelamente ou quase paralelamente umas às outras. A única limitação estrutural do cristal líquido nemático comum é o facto de os eixos longos das moléculas serem paralelos ou quase paralelos. Podem mover-se em três direcções e podem rodar em torno de um eixo. Os cristais líquidos nemáticos comuns podem ser formados pelo aquecimento de compostos orgânicos que não são opticamente activos [55-56].

As amostras a granel de cristais líquidos nemáticos são turvas. Em películas com espessura superior a 0,1 mm, mostram declinações filamentares entre polarizadores cruzados. Em películas mais finas, uma estrutura schlieren com singularidades pontuais pode ser caracterizada pelo número de escovas escuras que aparecem quando vistas entre polarizadores cruzados. A fase nemática é a mesofase com a temperatura mais elevada nos cristais líquidos termotrópicos. Quando aquecida, transforma-se num líquido isotrópico. Esta transição é uma transição de primeira ordem; a entalpia da transição situa-se geralmente entre 0,1 e 1,0 kcal/mol. A energia necessária para deformar um cristal líquido é tão baixa que até a mais pequena perturbação causada por um grão de poeira ou uma não homogeneidade na superfície do vidro onde o líquido é depositado pode ser ignorada.

Os resíduos cristalinos podem distorcer significativamente a estrutura. Os líquidos nemáticos têm um eixo de simetria infinito e são uniaxiais. A orientação das moléculas num cristal líquido nemático é incompleta. A medida do grau de orientação pode ser adequadamente expressa por (1.2), um parâmetro de ordem única S [57-58].

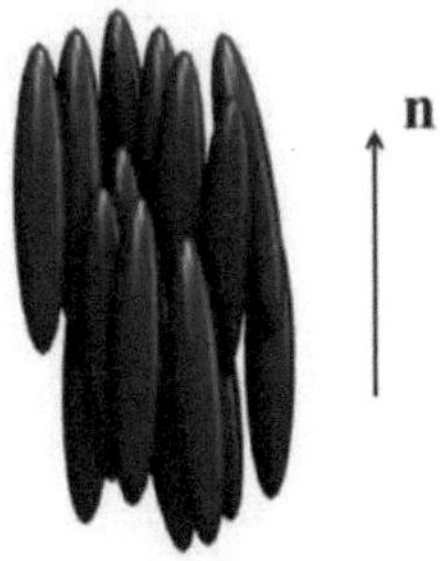

Figura 8: Alinhamento das moléculas na fase nemática

A fase nemática não tem ordem posicional, mas uma ordem de orientação. As moléculas orientam-se de modo a que os seus eixos longos sejam aproximadamente paralelos uns aos outros [59]. As moléculas podem, portanto, fluir livremente e as posições do seu centro de gravidade são distribuídas aleatoriamente como num líquido, mas ainda retêm a sua ordem direcional de longo alcance. Num líquido isotrópico, o cálculo da média das orientações moleculares não conduz a qualquer resultado, uma vez que existem tantas moléculas ao longo de um eixo como ao longo de outro. Na fase nemática, o cálculo da média das orientações moleculares resulta numa clara direção preferencial, que é designada por diretor (n). Uma imagem simplificada da disposição relativa das moléculas na fase nemática é apresentada na Figura 8. As substâncias nemáticas têm um comportamento de fluxo semelhante ao dos líquidos isotrópicos, mas podem ser facilmente alinhadas por um campo magnético ou elétrico externo. Os cristais nemáticos alinhados têm as propriedades ópticas dos cristais uniaxiais, o que os torna extremamente úteis para os ecrãs de cristais líquidos (LCD) [60-61]. O padrão schlieren da fase nemática é apresentado na Figura 9.

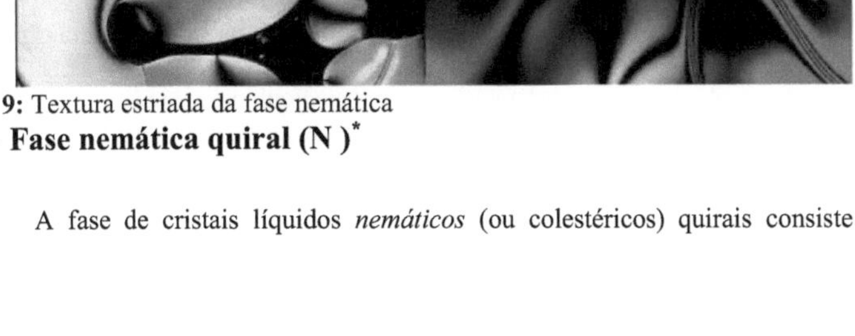

Figura 9: Textura estriada da fase nemática

1.4.2.4 Fase nemática quiral (N)*

A fase de cristais líquidos *nemáticos* (ou colestéricos) quirais consiste geralmente em moléculas mesogénicas nemáticas com um centro quiral que gera forças intermoleculares que favorecem o alinhamento das moléculas num ligeiro ângulo entre si. Isto leva à formação de uma estrutura que pode ser visualizada como uma pilha de camadas 2D nemáticas muito finas, com o diretor em cada camada torcido em relação às camadas acima e abaixo dela. Nesta estrutura, os directores formam-se de facto num padrão helicoidal contínuo em torno das normais das camadas, como mostra a seta na Figura-10 e a animação abaixo. A seta na animação representa a orientação dos directores na sequência de camadas ao longo da pilha [62-64].

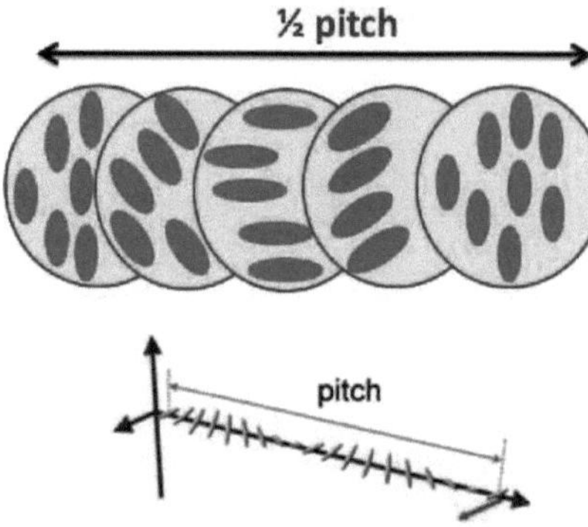

Figura 10: Representação esquemática da fase nemática quiral

As moléculas mostradas são meras representações dos muitos mesógenos nemáticos quirais que se encontram nas placas de espessura infinitesimal com uma distribuição de orientação em torno do diretor. Isto não deve ser confundido com a disposição planar encontrada nas mesofases esméticas. Uma caraterística importante da mesofase nemática quiral é o passo. O passo "p" é definido como a distância necessária para que o diretor gire uma volta completa na hélice, como mostrado na animação acima. Um subproduto da estrutura helicoidal da fase nemática quiral é a sua capacidade de refletir seletivamente a luz em comprimentos de onda correspondentes ao passo, de modo que uma cor é reflectida quando o passo corresponde ao comprimento de onda correspondente da luz no espetro visível. O efeito é devido à dependência da temperatura da mudança gradual na orientação do diretor entre camadas sucessivas (ver acima), que altera o passo.

O ângulo de mudança do diretor pode ser aumentado e, portanto, a divisão pode ser reforçada aumentando a temperatura das moléculas para que recebam mais energia térmica. O ângulo em que o diretor muda pode ser aumentado e, assim, a divisão pode ser reforçada aumentando a temperatura das moléculas para que estas recebam mais energia térmica. Do mesmo modo, se a temperatura das moléculas for reduzida, o comprimento do passo do cristal líquido nemático quiral aumenta. Deste modo, é possível construir um termómetro de cristais líquidos que indica a temperatura do meio envolvente através da cor reflectida. As misturas de diferentes tipos destes cristais líquidos são frequentemente utilizadas para fabricar sensores com uma variedade de respostas às mudanças de temperatura. Estes sensores são utilizados em termómetros, frequentemente sob a forma de películas sensíveis ao calor, para detetar falhas nas ligações das placas de circuitos, padrões de fluxo de fluidos e o estado das baterias [65-70].

1.4.2.5 Fase esmética

O smectic (também derivado do grego) significa gordura ou muco. A estrutura esmética (exceto o esmético D) é estratificada, com as moléculas dispostas em camadas; os seus eixos longitudinais são paralelos entre si nas camadas, aproximadamente perpendiculares ao plano das camadas. As moléculas podem mover-se em duas direcções no plano e rodar em torno de um eixo. No interior das camadas, as moléculas podem estar dispostas em filas ordenadas ou distribuídas aleatoriamente. Foram descritos na literatura sete tipos de estruturas esméticas [71-73]. São designadas por esmético-A a esmético-G e estão representadas na Figura 1.12. Na maioria das estruturas esméticas, as moléculas estão dispostas em camadas; dependendo da ordem molecular dentro das camadas, pode ser feita uma distinção entre esméticos com camadas estruturadas e não estruturadas. Os cristais líquidos esméticos estruturados apresentam uma ordem extensiva na disposição das moléculas em camadas e formam uma rede bidimensional regular (Collings 1997) [74-76].

1.4.2.5.1 Fase A esmética

As moléculas de um cristal líquido esmético A estão empacotadas em camadas, e as moléculas de uma camada estão dispostas aleatoriamente. As camadas têm um espaçamento repetitivo entre os centros de gravidade das moléculas em camadas adjacentes, e uma imagem de raios X da estrutura mostra um anel nítido caraterístico deste padrão de empacotamento. A espessura da camada é essencialmente idêntica a um comprimento molecular completo [77-80]. Uma representação esquemática da fase esmética A é mostrada na Figura 11.

Figura 11: Representação esquemática da fase esmética A

1.4.2.5.2 Fase C esmética

Os padrões de difração de raios X e os exames microscópicos apoiam a ideia de que a estrutura esmética C tem uma inclinação uniforme dos eixos moleculares em relação à camada normal. A distância entre as camadas determinada por exames de raios X é significativamente menor do que a inclinação molecular. A estrutura esmética C é opticamente biaxial, o que apoia a ideia da inclinação molecular. O ângulo de inclinação é geralmente dependente da temperatura. No entanto, nem todas as estruturas esméticas de C mostram uma alteração no ângulo de inclinação com a temperatura [81-84]. A Figura 12 apresenta uma representação esquemática da fase C esmética.

Figura 12: Representação esquemática da fase C esmética

Estruturalmente, os cristais líquidos esméticos têm uma estrutura em camadas com uma distância entre camadas bem definida, que pode ser medida por difração de raios X. Os cristais esméticos são, portanto, mais ordenados do que os cristais nemáticos. São conhecidas várias classes de cristais líquidos esméticos, que diferem no tipo de formação de camadas, nomeadamente SmA, SmB, SmC, SmF, SmI, etc. [86-90]. [86-90]. No entanto, as fases esméticas mais conhecidas são a SmA e a SmC, como mostra a Figura 13. Na fase esmética A, as moléculas de cada camada estão na vertical, com os seus centros irregularmente dispostos numa forma líquida. A espessura de cada camada corresponde ao comprimento das moléculas livres. As forças laterais entre as moléculas são fortes em comparação com a atração entre as camadas. Como resultado, as camadas podem deslizar umas sobre as outras com relativa facilidade. Por conseguinte, esta fase tem propriedades líquidas, embora seja normalmente muito mais viscosa do que os cristais líquidos nemáticos. O sistema é opticamente uniaxial [91-92].

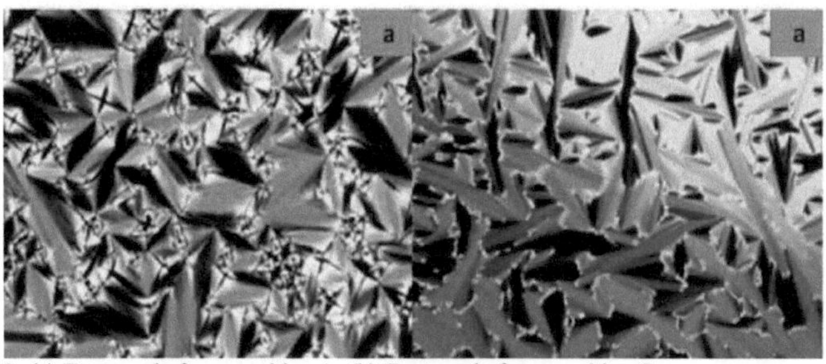

Figura 13: (a) Textura da fase esmética A; (b) Textura da fase esmética C

1.4.2.6 Fases C esméticas quirais ferro-antiferro e ferrieléctricas

Todas as fases esméticas com uma estrutura inclinada apresentam propriedades ferroeléctricas. Devido à sua baixa simetria, são capazes de apresentar polarização espontânea e propriedades piezoeléctricas e são designadas por cristais líquidos ferroeléctricos. Sabe-se que qualquer fase esmética inclinada derivada de moléculas quirais deve ter uma polarização eléctrica permanente *P* orientada perpendicularmente ao diretor *n* e paralela ao plano da camada esmética. A presença de dipolos permanentes altera a natureza das interacções

interacções entre as próprias moléculas e com a parede celular ou o campo elétrico aplicado. A fase ferroeléctrica SmC* mostrada na Figura 14 tornou-se muito importante devido à sua rápida comutação eletrónica da torção das camadas em relação à direção de inclinação. A atividade ótica nesta fase resulta da assimetria molecular. Uma disposição espiral macroscópica das moléculas resulta da precessão da direção de inclinação molecular em torno de um eixo perpendicular aos planos das camadas. A direção de inclinação é rodada por um ângulo durante a transição de uma camada para a seguinte. Uma vez que a rotação ocorre numa direção constante, forma-se uma hélice que pode ser esquerda ou direita. A direção de rotação da hélice é determinada pela natureza e posição do centro quiral em relação ao núcleo central de outros materiais mesogénicos [93-96].

Dois novos fenómenos relacionados são conhecidos como fases antiferroeléctrica e ferrieléctrica (Figura 14). Os cristais líquidos antiferroeléctricos são semelhantes aos cristais líquidos ferroeléctricos, em que as moléculas se inclinam em camadas alternadas em direcções opostas. Numa fase SmC* antiferroeléctrica, as camadas moleculares estão dispostas de modo a que as direcções de polarização nas camadas sucessivas apontem em direcções opostas, resultando no valor médio da polarização espontânea ser zero. Esta estrutura é evidenciada pelo facto de que, quando um forte campo elétrico é aplicado a esta fase, o arranjo das camadas é perturbado e a fase retorna a uma fase ferroeléctrica normal. Quando as fases antiferroeléctricas são comutadas, são gerados três estados: um antiferroelétrico e dois ferroeléctricos. Esta comutação tristável ocorre a um determinado campo elétrico, pelo que a presença de um limiar de comutação acentuado pode ser útil em aplicações de visualização que exijam a multiplexagem com escalas de cinzento. A estrutura do SmC* ferroelétrico repete-se a cada 360° de rotação da hélice, enquanto a estrutura helicoidal da fase antiferroeléctrica se repete a cada 180° de rotação.

Assim, a fase parece ter uma distância relativamente curta, e a distância parece mudar significativamente com as alterações de temperatura [97-100].

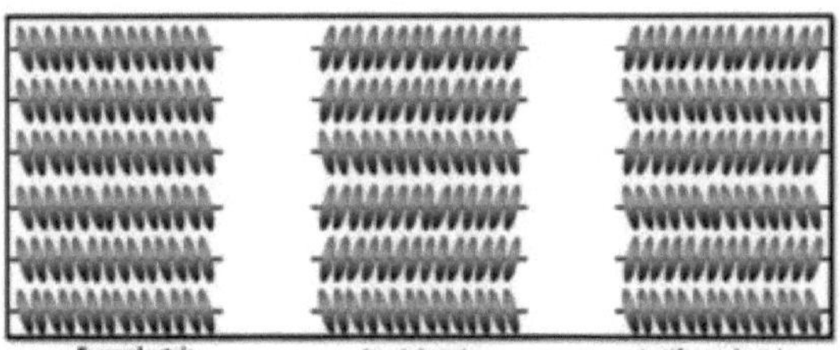

Figura 14: Representação esquemática das fases esméticas quirais ferro-, ferri- e antiferroeléctricas.

Numa fase esmética ferrieléctrica, as camadas são empilhadas de tal forma que existe uma polarização global espontânea. O número de camadas com polarização oposta não é o mesmo. Por exemplo, pode haver o dobro de camadas cuja direção de polarização é oposta à do outro tipo de camada. Também foi sugerido que a pilha de camadas tem dois sub-rede interpenetrantes. As camadas estão dispostas alternadamente, ou seja, duas camadas estão inclinadas para a direita e uma para a esquerda, e esta disposição repete-se ao longo do volume da fase. A fase ferroeléctrica exibe assim uma polarização mensurável [101].

1.5 Aplicações dos cristais líquidos

A investigação sobre as propriedades ópticas e eléctricas destes compostos únicos despertou grande interesse na ciência e na indústria. Mais tarde, a investigação em várias empresas, universidades e laboratórios governamentais centrou-se nas suas aplicações, que utilizam as propriedades eletromagnético-ópticas e fotoeléctricas dos cristais líquidos nemáticos e colestéricos.

A mudança de cor dependente da temperatura dos cristais líquidos colestéricos levou à utilização destas substâncias na medição de gradientes de temperatura[102- 104]. As substâncias de cristais líquidos colestéricos aplicadas à superfície da pele foram utilizadas para localizar veias, artérias, infecções, tumores e a placenta fetal, que são mais quentes do que o tecido circundante.

1.5.1 Mostrar aplicações

Devido à sua natureza líquida, os cristais líquidos podem ser facilmente transformados em películas finas, mantendo as propriedades ópticas dos materiais cristalinos, por exemplo, a capacidade de rodar a luz polarizada no plano. Além disso, a orientação das moléculas nas películas de cristais líquidos pode ser modulada com um campo elétrico fraco num período de tempo relativamente curto. Uma vez que a birrefringência numa fase de cristais líquidos é uma função do ângulo formado pela luz polarizada no plano com o diretor "n", pode efetivamente funcionar como um obturador de luz ON/OFF entre polarizadores cruzados sob a influência de um campo elétrico. A maioria das aplicações de cristais líquidos baseia-se, de facto, neste conceito simples de um obturador de luz ON/OFF [105].

1.5.2 Sensores de temperatura

Os cristais líquidos nemáticos quirais (colestéricos) reflectem a luz com um comprimento de onda que é proporcional ao tamanho do passo. Como o passo depende da temperatura, a cor reflectida também depende da temperatura. Os cristais líquidos colestéricos permitem, por conseguinte, determinar com exatidão a temperatura apenas com base na cor. Ao misturar diferentes cristais líquidos colestéricos, é possível construir um dispositivo para praticamente qualquer gama de temperaturas. Esta propriedade tem sido utilizada para aplicações práticas [106] em vários domínios, como a medicina, a indústria de embalagens e a eletrónica. Os cristais líquidos colestéricos como "tiras de febre" são utilizados como termómetros descartáveis. Os termossensores LC podem ser fixados à pele e apresentar um mapa de calor. Isto é útil porque os problemas físicos, como os tumores, têm frequentemente uma temperatura diferente da do tecido circundante. Os sensores de temperatura LC também podem ser utilizados para encontrar más ligações numa placa de circuitos, detectando a temperatura caraterística mais elevada.

1.5.3 Fases líquidas em forma de coluna como meios promissores para aplicações modernas

Como já foi referido, a capacidade de auto-montagem preferencial dos mesogéneos discóticos para formar mesofases colunares (Col) é determinada por interacções π-π favoráveis entre os núcleos aromáticos. A mesofase colunar proporciona uma via unidimensional para a migração de cargas electrónicas, sendo o núcleo aromático central a unidade condutora e as cadeias periféricas exteriores o invólucro isolante [107]. Este estado LC é de grande importância, uma vez que oferece a possibilidade de combinar várias propriedades físicas (ópticas, condutoras) com o controlo da orientação da ordem molecular, a auto-regeneração de defeitos estruturais e a facilidade de processamento. Mais importante ainda, todas estas propriedades podem ser personalizadas através de uma cuidadosa engenharia molecular. Atualmente, as células solares utilizadas para a conversão direta da luz em eletricidade através do efeito fotovoltaico são feitas de semicondutores inorgânicos; em particular, baseiam-se em células de silício monocristalino ou policristalino. Por outro lado, as células solares orgânicas de película fina feitas de material monocristalino são também uma tecnologia promissora para ecrãs planos fotovoltaicos. No entanto, a tecnologia de ecrã plano baseada nestes dois materiais é bastante difícil e dispendiosa. Mais importante ainda, a grande quantidade de semicondutores inorgânicos utilizados nesta tecnologia é prejudicial para o ambiente. Por conseguinte, são necessários novos materiais orgânicos com baixo custo e boa processabilidade, elevado coeficiente de absorção, eficiente foto-geração de carga e boa mobilidade de portadores para aplicações em células solares. Neste contexto, as fases Col formadas pelos mesogénios discóticos ricos/pobres em electrões parecem promissoras, uma vez que a sua estrutura é semelhante ao empilhamento aromático em condutores de cristal único. Devido à elevada mobilidade dos portadores de carga fotoinduzidos nas fases Col, estas são também adequadas para utilização como camada ativa de transporte de carga em aplicações de impressão xerográfica e laser rápidas e de alta resolução [108]. A mobilidade dos portadores de carga ao longo da superfície é assistida por flutuações e as taxas de tunelamento dependem exponencialmente do espaçamento do núcleo molecular. O espaçamento entre os núcleos flutua com a superfície e muda assim que a superfície é perturbada. A condutividade eléctrica desta camada superficial é, portanto, muito sensível à absorção de moléculas. Recentemente, as fases colunares tornaram-se cada vez mais importantes na construção de díodos orgânicos emissores de luz (OLED), uma vez que podem servir como boas camadas emissoras e condutoras quando adequadamente estruturadas. As fases colunares com uma combinação de propriedades de transporte de electrões e de luminescência são um meio ideal para a produção de OLEDs [109].

1.5.4 Outras aplicações

Os cristais líquidos têm também outras aplicações. Os polímeros constituem uma subclasse importante dos materiais de cristais líquidos e ocorrem naturalmente como soluções de alguns biopolímeros, sendo importantes para o processamento de materiais de engenharia modernos de elevado módulo, como o Kevlar [110]. Os cristais líquidos são utilizados como solventes anisotrópicos para a investigação de várias propriedades físico-químicas [112]. A fase nemática, em que as moléculas podem ser orientadas de forma homogénea por um campo magnético, de modo a que o eixo ótico seja paralelo ao campo, é utilizada como solvente anisotrópico na espetroscopia de RMN. Esta técnica fornece informações sobre a anisotropia dos desvios químicos e a geometria molecular [113]. Os cristais líquidos são utilizados como solventes para alterar a velocidade das reacções térmicas e fotoquímicas de uma ou duas moléculas [114]. Esta técnica baseia-se na capacidade da mesofase para controlar a orientação dos solutos, restringir a sua mobilidade e eliminar a aleatoriedade dos movimentos e orientações moleculares. A combinação dos pontos fortes analíticos da cromatografia gasosa com a estrutura única e as propriedades selectivas de forma da fase LC levou à utilização generalizada de LCs como fases estacionárias em cromatografia. Através da interação do soluto com a ordem orientacional proporcionada pela anisotropia da fase LC, é possível obter uma separação eficaz e selectiva dos isómeros posicionais e geométricos. Os LCs colestéricos são também utilizados para o reconhecimento quiral [115]. Os LCs liotrópicos são utilizados para aplicações em detergentes comerciais e cosméticos [116] e para a simulação de biomembranas [117]. Recentemente, outra aplicação importante dos LCs foi considerada como um meio para a libertação controlada de medicamentos [118].

Os cristais líquidos nemáticos são ferramentas de investigação úteis para a aplicação da ressonância magnética[119-123]. As moléculas dissolvidas em solventes de cristais líquidos nemáticos produzem um espetro de RMN de muito alta resolução que mostra estruturas finas de dipolo-dipolo intermoleculares. A análise dos espectros de moléculas em solventes de cristais líquidos fornece informações sobre a anisotropia dos desvios químicos, as interacções dipolo-dipolo magnéticas directas, os acoplamentos spin-spin indirectos, os ângulos de ligação, os comprimentos de ligação, as
ordem e processo de relaxamento. Os cristais líquidos têm sido utilizados em separações cromatográficas [124], como solventes para controlar o curso das reacções químicas e para estudar os arranjos moleculares e a cinética [125-127], e como líquido hospedeiro anisotrópico para a espetroscopia visível, UV e IV de moléculas orgânicas [128-129]. Atualmente, os cristais líquidos são utilizados na indústria cosmética na produção de desmaquilhantes de cristais líquidos[130], batons e brilhos labiais[131] contendo cristais líquidos colestéricos, e também na produção de fluidos vaginais. Os cristais líquidos são muito utilizados na indústria farmacêutica. Os ecrãs de cristais líquidos são muito utilizados em calculadoras, relógios digitais, sistemas oscilográficos e ecrãs de televisão [132]. Os cristais líquidos colestéricos também têm sido utilizados em novidades como brinquedos e materiais decorativos. Os polímeros de cristais líquidos são também de grande interesse para aplicações industriais. A síntese de 4-alquil-4'-ciano-bifenileno e 4-alcoxi-4'-ciano-bifenileno, de importância comercial, no início da década de 1970, foi efectuada devido à procura de sistemas de visualização. Foi desenvolvido um grande número de sistemas de polímeros cristalinos líquidos nemáticos, porque têm um limiar mais nítido e uma menor dependência da temperatura da tensão de limiar. A sua importância para os ecrãs electro-ópticos é também elevada. Mais tarde, os cristais líquidos de poliéster foram desenvolvidos como material refratário e são utilizados como revestimento para cabos ópticos multifibras [133] devido à sua boa rugosidade superficial e baixo coeficiente de atrito. Os poliésteres são utilizados para moldagem com um módulo de elasticidade melhorado. Os cristais líquidos ferroeléctricos, os radicais livres mesomórficos são utilizados para estudos EPR e foram

desenvolvidos colesteróis incolores com grande passo. Os polissiloxanos, uma forma líquida cristalina elástica, podem ser convertidos em borracha. Para além deste desenvolvimento, os cristais líquidos foram descobertos como instrumentos laboratoriais úteis para a GLC e a espetroscopia de absorção. Filmes de L.C.s microencapsulados [134]. Os cristais líquidos microencapsulados podem ser produzidos por pulverização, revestimento por tração ou serigrafia. Após a evaporação da água, as películas parecem secas e são relativamente insensíveis à abrasão.

Uma fotocopiadora ou um scanner a laser disponível no mercado consiste numa máquina rotativa
que é rodeado por uma superfície fotocondutora que flutua acima do documento de acordo com a invenção quando diretamente irradiado [135]. A luz reflectida pelo documento atinge a superfície fotocondutora, o que leva à separação de cargas. É criada uma imagem eletrostática na superfície do cilindro. No passo seguinte, o cilindro é coberto com partículas de toner preto, que se fixam preferencialmente às cargas positivas na superfície do cilindro. Quando o cilindro é rodado sobre papel preto, as partículas de toner são transferidas para o papel, criando uma imagem em bruto que é fixada termicamente. Há uma série de requisitos para materiais fotocondutores que são úteis em muitas aplicações. Para obter um elevado potencial de contraste para a revelação de imagens, o fotorreceptor deve ser um isolador ou ter baixa condutividade no escuro e tornar-se condutor quando exposto à luz. Um fotocondutor altamente sensível não só requer menos energia para gerar a imagem eletrostática, como também aumenta a velocidade do processo de Xerox. Por conseguinte, a fotossensibilidade e a condutividade no escuro de um determinado material devem ser avaliadas. Além disso, a durabilidade e a capacidade de processamento do material devem ser tidas em conta. Enquanto a sensibilidade do fotocondutor na gama visível é necessária para aplicações de cópia, os materiais fotocondutores correspondentes das impressoras a laser são sensíveis no espetro de infravermelhos. As bisimidas de perileno, como o composto [136], estão entre as classes de compostos particularmente bem estudadas para fotocondutores que funcionam na gama do visível. Por outro lado, as ftalocianinas têm uma forte absorção nas regiões do visível e do infravermelho próximo. Eichhorn et al. referiram que as misturas contendo ftalocianinas anfotrópicas com padrões de substituição tão diferentes têm uma ordem inter e intracolunar muito mais elevada do que os compostos isolados [137]. Além disso, o alinhamento homeotrópico macroscópico pode ser facilmente obtido por cisalhamento mecânico, que é uma forma simples de alinhar o material para impressoras a laser.

O princípio do armazenamento ótico de dados baseia-se na isomerização (cis/trans) de corantes como os azobenzenos e os estilbenos. A impressão com dois feixes de luz laser linearmente polarizados provoca uma reorientação dos cromóforos, o que leva a uma alteração do índice de refração nos locais irradiados. As moléculas de corante são incorporadas numa matriz líquido-cristalina, o que aumenta consideravelmente a alteração do índice de refração. A modulação periódica do índice de refração induzida pelo feixe laser de escrita pode ser lida por um feixe laser de leitura. O composto triplo dador-acetor colunar tem um resíduo de azobenzeno como grupo cromóforo [138]. O forte aceitador de electrões TNF em combinação com o dador de electrões pentakis(fenilalquinil)benzeno levou a uma maior estabilidade da mesofase colunar nemática. Wendorff, Janietz et al. e colaboradores investigaram que a tri-azomelamina não só é adequada para a isomerização induzida pela luz das unidades de azobenzeno, o que leva à foto-reorientação, mas também causa modulações de superfície [139]. O efeito de reforço destas modulações de superfície foi obtido por tratamento térmico.

Um OLED é um dispositivo em que a luz é gerada por excitação eléctrica. Num OLED de camada única, uma película fina de um emissor orgânico está localizada entre um ânodo transparente (ITO) e um cátodo metálico [140]. Os electrões e os buracos injectados no LUMO ou no HOMO atravessam a película orgânica sob a influência do campo elétrico aplicado. A atração coulombiana entre o eletrão e o buraco no mesmo local do cromóforo leva à formação de um excitão, um par eletrão-buraco ligado, cuja recombinação gera luminescência. Dispositivos eficientes requerem uma correspondência de níveis de energia para minimizar as barreiras à injeção de portadores e para reter tanto os electrões como os buracos exclusivamente na região emissora. Os derivados colunares de perileno têm sido utilizados com sucesso em aplicações OLED. O grupo de investigação de Kitzerow e Bock [141] descreveu um OLED de bicamada totalmente colunar que consiste em 3,4,9,10-tetra(alcoxicarbonil)perilenos colunares fluorescentes como camada de transporte de electrões luminescentes e hexa-alcoxitrifenilenos colunares como camada de transporte de buracos. Uma vantagem particular da camada colunar
LCs em tais dispositivos é a sua capacidade de eliminar defeitos num processo de recozimento, resultando numa vida útil mais longa.

As superfícies livres dos cristais líquidos são objectos fascinantes. Podem esperar-se graus de liberdade adicionais perto da superfície, onde a ausência de vizinhos em interação deve conduzir a novos e excitantes fenómenos de ordenação. Nos cristais líquidos esméticos, a ausência de vizinhos num dos lados promove a cristalização. Nos discóticos, no entanto, existem mais graus de liberdade à superfície que promovem a desordem nas pilhas. Se for aplicado um campo lateral a uma película homeotrópica, é provável que a condução seja dominada pela superfície desordenada, uma vez que esta seria perpendicular às colunas no volume. Foram feitas tentativas para investigar a condutividade de películas de superfície de cristais líquidos discóticos utilizando a geometria de eléctrodos interdigitados, enchendo as células com cristais líquidos discóticos alinhados homeotropicamente. Se a flutuação e a termodinâmica das superfícies de cristais líquidos forem afectadas pela exposição a gases, a resposta pode ser medida de forma fácil e barata através da observação da alteração da condutividade, obtendo-se assim um sensor de gás simples. As alterações estruturais não requerem um forte acoplamento eletrónico ou reacções de transferência de carga para os estados da superfície, pelo que um sensor baseado nestes princípios também poderia funcionar para detetar gases não polares de fraca interação. O adsorvente provoca uma alteração na ordem da superfície, o que, por sua vez, altera a condutividade. Além disso, a dinâmica molecular auto-organizada mantém as impurezas carregadas e não carregadas preferencialmente perto da superfície livre dos cristais líquidos. Assim, os cristais líquidos discóticos podem ser utilizados como sensores de gás muito sensíveis, tanto para moléculas polares como não polares [142-148].

Referências

1. Reinitzer, F. Monatsh. Chem. 1888, 9, 421-441.
2. Sluckin, T. J.; Dunmur, D. A.; Stegemeyer, H. Crystals that flow: Classic papers from the history of liquid crystals; Taylor & Francis: London, 2004.
3. Kumar S. Liquid crystals. Cambridge: Cambridge University Press, 2001.
4. M.Dresselhaus, G.Dreselhans, R.Sutito Phys.Rev.B.45,6234 (1992).
5. S.Lisima.Nature 354, 56(1991).
6. Marcos,M.,Omenat,A.,Serrano,J.L.eEzcurra,A.(1992).Adv.mater.,4 ,285.
7. Hird, M., Toyne, K. J., e Gray, G. W. (1993). Liq. Cryst.,14,741.
8. Hird,M.,Toyne,K.J., e Gray, G.W., Day, S.E e Mc Donnell, D.G.(1993) Liq.Cryst. 15.
9. Lehmann, Otto, Z. Phys. Chem. (Leipzig), 4, 462 (1889).
10. (a) Friedel, G., Kolloidchemie, editado por Alexander, I., Vol.-1, 102, a ChemicalCatalog Company, Inc, Nova Iorque (1926). (b) Friedel, G. e Friedel, E., Z. Krist., 79, 1 (1931).
11. G. W. Gray, S. A. Winsor, Eds. Liquid Crystals and Plastic Crystals, Vol. 1, Ellis Harwood Ltd. Chichester p.10 Inglaterra (1974)(b) página 125.
12. Guillion, D., Cladis P.E. Stanatoff, J. Phys. Rev. Lett., 41(23), 1598 (1978).
13. Gulrich, L. W. e Brown, G. H.; Molecular Crystal Liquid Crystal, 3, 494 (1968).
14. Spence, R. D., Gutowsky, H. S. e Holm, C. H., J. Chem. Phys., 21, 1891 (1953).
15. Jain, P. L., Moses, H. A., Lee, J. C. e Spence, R. D., Phys. Rev., 92, 844 (1953).
16. Lippmann, H., Ann. Physik, 2, 287 (1958); Lippmann, H. e Weber, K. H., Ann. Physics, 20, 265 (1957).
17. Saupe, A. e Englert, B., Phys. Rev. Lett. 11, 462 (1963).
18. Maier, W. e Saupe, A., Z. Physik Chem., (Frankfurt), 6, 327 (1956); Maier, W. e Englert,G.Z.,Electrochem., 62, 1020 (1958).
19. Timmermanns J., J. Phys. Chem. Solids, 18, 1 (1961).
20. Timmermanns, J., Bull Soc. Chem. Belg. 44, 17 (1935).
21. Oster, G., J. Gen. Physiology, 33, 445 (1950).
22. Berdague, P., Perez, F., Bayle, J. P., Ho, M. S. e Fung, B. M., New J. Chem.,19(4), (1995).
23. Vora, R. A. e Patel, N. C., Molecular Crystal Liquid Crystal; 123, 159 (1985).
24. Virchow,R. Virchow's Arch. Pathol. Anst. U. phys. 6, 562 (1954).
25. Adani, J. G. e Aschoff, L. Proc. Roy. Soc. (Londres), B78, 359 (1906).
26. Adani, J. G. e Aschoff, L. Proc. Roy. Soc. (Londres), B78, 359 (1906).
27. Mayer, R. B., Liebert L., Strzelecki, L., e Keller, P., J. de Phys. Lett. 36, 69 (1975).
28. Chandrasekhar S., "Advances in Liquid Crystals", Vol. 5, Ed., Brown, G. H., Academic Press, New York, p. 47 (1982).
29. Hermann-Schonherr, O., Wendorff, J. H., Ringsdorf, H. e Tschirner, P. Macromol.

Chem. Rapid Commun, 7, 791 (1986).

30. Shvartsman, Felix, Krongaux, Valeri; Nature (Londres) 1984, 309 (5969), (608-11) Eng.
31. (a) Galyametdonov, Yu, G.; Ovchinnikov, I.V. ; Bolotin, B.M. Izv. Akad. Nauk SSSR, Ser. Khim. , (10), 2379-81 (Russ.) (1984). (b) Yablonskil, S.V. , Blinovo, L.M.. , Pis'ma Zh. Tekh. Fiz. 10(24), 1513-16 (Russ.) (1984).
32. Vorlander,D., Ber. Disch.Ges.,43,3120 (1910).
33. (a) Bruce, D. W., Dunmur, D. A., Maitlis, P. M. e Styring, P., Liquid. Crystal.., 3,2345 (1988).(b) Rourke, J. P., Fannizzi, F. P., Salz, N. J. S., Bruce, D. W., Dunmur, D. A. e Maitlis, P. M., J. Chem. Soc., Chem. Commun., 229 (1990).
34. Surendranath, V., Molecular Crystal Liquid Crystal, 364, (2001).
35. J. W. Goodby, M. A. Waugh, S. M. Stein, E. Chin, R. Pindak, e J. S. Patel, J. Am. Chem. Soc., 111(21), 8119, (1989).
36. O. Lehmann, Z. Phys. Chem. 4, 462, (1889).
37. Vorlander,D.Ber. Disch. Ges.,43, 3120 (1910).
38. S. Chandrasekhar, B. K. Sadashiva e K. A. Suresh, Pramana, 9(5), 471, (1977).
39. S. Chandrasekhar, Liquid Crystals, Cambridge University Press, Cambridge, (1992).
40. L. A. Madsen, T. J. Dingemans, M. Nakata e E. T. Samulski, Phys. Rev. Lett. 92, (14), (2004).
41. V. Prasad, S.W. Kang, K.A. Suresh, L. Joshi, Q. Wang e S. Kumar, J. Am. Chem. Soc., 127(49), 17224, (2005).
42. V. Gortz e J. W. Goodby, Chem. Commun, 26, 3262, (2005).
43. M. A. Bates e G. R. Luckhurst, Phys. Rev. E., 72, 1, (2005).
44. D. Apreutesei e G. H. Mehl, Chem. Commun, 6, 609, (2006).
45. Schenk,R.I., Physik. Chem. Leipzig, 27,167, (1898).
46. R.S.Porter e J.F. Johnson, J.Appl.Phys., 34,55, (1963).
47. Dewar,M.J.S. andSchroeder,J.P.,J.Amer.Chem.Soc., 86,5253,(1964).
48. J.S.VanderLingen, Chem.,Ber.,15,913, (1913).
49. I. Lam e J. Prost, Solitons in Liquid Crystals, Springer-Verlag, Nova Iorque, (1991).
50. G. Ungar e X. Zeng, Soft Matter, 1, 95, (2005).
51. J. L. Ericksen e D. Kinderlehrer (eds.), Theory and Applications of Liquid Crystals, Springer-Verlag, Nova Iorque, (1987).
52. P. J. Collings, Liquid Crystalline Materials, in: Kirk-Othmer Encyclopedia of Chemical Technology, 4th ed., Wiley, New York, 15 , 372, (1995).
53. G.W.Gray e P.A.Winsor "Liquid Crystals and plastic crystals", Ellis Horwood, Chichester, I, 19, (1974).
54. Patel.R.B., Dissertação apresentada à SaurastraUni, Raikot, março (2011).
55. N. Hijikuro, K. Miyakawa e H. Mori, Physics Letters A, 45(3),257-258 (1973).
56. A. R. E. Bras, T. Casimiro, J. Caldeira e A. Aguiar-Ricardo, J. Chem. Eng. Data; 50(6), 1857-1860 (2005).

57. S. Kubo, Z. Z. Gu, K. Takahashi, Y. Ohko, O. Sato e A. Fujishima, J. Am. Chem. Soc., 124(37), 10950-10951 (2002).
58. P. Kirsch, M. Bremer, F. Huber, H. Lannert, A. Ruhl, M. Lieb e T. Wallmichrath, J. Am. Chem. Soc., 123(23), 5414-5417 (2001).
59. I. Chashechnikova, L. Dolgov, T. Gavrilko, G. Puchkovska, Ye. Shaydyuk, N. Lebovka, V. Moraru, J. Baran e H. Ratajczak, J. Mole. Struc, 744-747, 563-571, (2005).
60. R. Alvarez e G. H. Mehl, Liq. Cryst., 32(4), 345, (2005).
61. C.H. Lee e T. Yamamoto, Liq. Cryst., 29(1), 124, (2002).
62. I. Dierking, Symmetry, 6, 444, (2014).
63. R. Janoschek, Chirality: From Weak Bosons to the a-Helix; Springer verlag:Berlin, Germany, (2011).
64. G.H.Wagniere, On Chirality and the Universal Asymmetry; Wiley-VCH; Weinheim, Alemanha, (2007).
65. I.K.Reddy, Chirality in Drug Design and Development, Mehvar, R., Ed; CRC Imprensa: Boca Raton, FL, EUA, (2004).
66. P. Archer e I. Dierking, Enhancement of chirality through the addition of achiral moléculas, Chem.Comm. 46, 1467, (2010).
67. G.Pelzl, S.Diele e W.Weissflog, Jpn.J.Appl.Phys., 45, 597, (2006).
68. Z.Li, G.A. Di Lissi, R.G.Petschek, C.Rosenblatt, Nematic Electroclinics Efeito, Phys.Rev.A., 41, 1997, (1990).
69. T.C.Lubensky e S.R.Renn, Phys.Rev.A., 41, 4392, (1990).
70. S.R.Renn e T.C.Lubensky, Mol.Cryst.Liq.Cryst., 209, 349, (1991).
71. D. Apreutesei e G. H. Mehl, Chem. Commun, 609, (2006).
72. R. Stannarius, V. Aksenov, J. Blasing, A. Krost, M. Rossle e R. Zentel, Phys. Chem., 19, 2293, (2006).
73. R. Berardi, S. Orlandi, D. J. Photinos, A. G. Vanakaras e C. Zannoni, Phys. Chem. Chem. Phys., 5, 770, (2002).
74. G. W. Gray e A. Mosley, J. Chem. Soc., Chem. Commun., (4),147, (1976).
75. G. W. Gray e J. W. Goodby, Smectic Liquid Crystals: Textures and Structures, Leonard Hill, Londres (1984).
76. Bhatt, J., Fung, B. M., Nicholas, K. M. e Poon, C. D., J. Chem. Soc. Chem. Commun., 1439, (1998).
77. D. Andrienko, "Introduction to liquid crystals", Escola Internacional de Investigação Max Planck, "Modelling of Soft Matter, 11-15 de setembro, Bad Marienberg, (2006).
78. M.Kaller e S.Laschat, Curr.Chem., 318, 109, (2012).
79. H. Sackmann e D. Demus, Mol. Cryst. Liq. Cryst. 21, 239, (1973).
80. Scott J. Woltman, Gregory P. Crawford e Gregory D. Jay, Liquid Crystal Frontiers in Biomedical Applications, WorldScientific Publishing Co. Pte. Ltd (2007).
81. G.W. Smith e Z. Garland, J.Chem.Phys., 59, 3214, (1973).
82. D. Coates e G.W. Gray, Microscope, 24, 117, (1973).
83. D. Demus e L. Richter, "Texturen von Flüssigkristallen", Verlag Chemie, New

York (1978).
84. G.W. Gray e J.W. Goodby, "Smectic liquid crystals: textures and structures" (Cristais líquidos esméticos: texturas e estruturas),
Leonard Hill, Londres, (1984).
85. G.W. Gray, Mol. Cryst. Liq. Cryst., 66, 270, (1981).
86. J.W. Goodby, G.W. Gray, A.J. Leadbetter e M.A. Mazid, M "Liquid Crystal of one and two dimensional order" (eds. Helfrich, W., Heppke,) G., Springer-Verlag, New York, pp-3 (1980).
87. J.W. Goodby e R. Pindak, Mol. Cryst. Liq. Cryst., 75, 233, (1981).
88. G. Poeti, E. Fanelli e D. Guillon, Mol. Cryst. Liq. Cryst., 82, 107 (1982).
89. R. Bartolino, J. Doucet e G. Durand, Ann. Phys., 3, 389, (1978).
90. T.R. Taylor, J.C. Fergason e S.L. Arora, Phys. Rev. Lett., 24, 359,1970).
91. G.R. Luckhurst, B.A. Timmimi, V.G.K.M. Pisipati e N.V.S. Rao, Mol.Cryst.Liq. Cryst. Letter, 1, 45, (1985).
92. D. Demus, G. Kunicke, Nelson e H. Sackmann, Z., Naturfrosch, 23A, 84, (1968).
93. J.P. Sethna, Phys. Rev. B., 31, 6278, (1985).
94. J. Valasek, Phys. Rev., 17, 425, (1921).
95. J. Halblutzel, Helv. Phys. Ata, 12, 489, (1939).
96. R.B. Meyer, L. Liebert, L. Strzelecki e P. Keller, J., Physique. Lett., 36, 69, (1975).
97. R.B. Meyer, Mol. Cryst. Liq. Cryst., 40, 74, (1976).
98. M.V. Kaganer, B.I. Ostrovskii e W.H. de Jeu, Phys. Rev. A, 44, 8158, (1991).
100. J. Hou, K. Tashiro, M. Kobayashi e T. Inoue, J. Phys. Chem., 96, 484, (1992).
101. N.V.S. Rao, V.G.K.M. Pisipati, P.R. Alapati e D.M. Potukuchi, Mol. Cryst. Liq.Cryst., 162B, 119, (1988).
102. W. Elser e R.D. Ennulat, "Selective reflection of cholesteric liquid crystals", 7, 2 (1976).
103. J.L. Ferguson, Mol. Cryst. Liq. Cryst., 1, 293, (1966).
104. O. S. Selawry, H. S. Selawry e J. F. Holland, Mol. Cryst Liq.Cryst., 1, 495, (1969).
105. R. P. Lemieux, Acc. Chem. Res., 34, 845, (2001).
106. (a) R. Williams; J. Chem. Phys., 39, 384, (1963). (b) J. L. Fergason, Sci. Am, 211, 77, (1964); (c) G. H. Heilmeier, L. A. Barton e L. A. Zanoni, Appl. Phys. Lett. 13, 46, (1968).
107. (a) S. Chandrasekhar e V. S. K. Balagurusamy, Proc. Royal Society, London, Ser. A. 458.3, (2002); (b)D. Adam; P. Schuhamcher; J. Simmerer; L. Hayssling; K. Siemensmeyer; K. H. Etzbach, K; H. Ringsdorf; D. Haarer, Nature, 371,141, (1994). (c) E. J. Osburn, A. Schmidt, L. K. Chau, S. Y. Chen, P. Smolenyak, N. R. Armstrong e D. F. O. Brian, Adv. Mater., 8, 926, (1996).
108. C. D. Simpson; J. Wu; M. D. Watson; K. J. Mullen, Mater. Chem., 14,494, (2004).
109. L. S. Mende, A. Fechtenkotter, K. Mullen, E. Moons, R. H. Friend, J.D. M.Kenzie, Science, 293, 1119, (2001).
110. S. L. Kwolek, Du Pont, 1971, US Patent 3600350.
111. C. Lavigueur; E. J. Foster; V. E. Williams, J. Am. Chem. Soc., 130, 1179, (2008).
112. C. L. Khetrapal; R. G. Weiss; A. C. Kumar, em Liquid Crystals - Applications

and applications. Vol. 2, World Scientific, Singapura, 225, (1991).
113. R. G. Weiss, Tetrahedron, 44, 3413, (1988).
114. T. D. James; H. Kawabata; R. Ludwig; K. Murata; S. Shinkai, Tetrahedron, 21, 555, (1995).
115. (a) M. R. Porter, Handbook of Surfactants. Londres: Blackie Academic and Professional (1994); (b) D. Myers, Surfactant science and technology. Nova Iorque: VCH, (1992).
116. D. R. Karsa, Industrial Applications of Surfactants IV. Cambridge: RSC, (1999).
117. S. J. Watson; H. F. Gleeson; A. D'Emanuele; S. Serak; V. Grozhik, Mol.Cryst. Liq. Cryst., 331, 2235, (1999).
118. A. Saupe e G. Englert, Phys. Rev. Lett. 11, 462, (1963).
119. L.C. Snyder e S. Meiboom, Mol. Cryst. Liq. Cryst., 7, 181, (1969).
120. S. Meiboom e L. C. Snyder, Acc. Chem. Res., 41, 81, (1971).
121. C. G. Wade, Ann. Rev. Phys. Chem., 28, 47, (1977).
122. G. R. Luckhurst e G. W. Gray, eds, "The Molecular Physics of Liquid Crystals", Academic Press Inc., Nova Iorque (1979).
123. H. Kelker, "Liquid crystals in chromatography", 7, 3, (1978).
124. W. E. Barnett e W. H. Sohn, Chem. Commun., 17, 1002, (1971).
125. W. E. Bacon e G. H. Brown, Mol. Cryst. Liq. Cryst., 121, 229, (1971).
126. V. D. Neff, "Infrared, Raman, visible and ultraviolet spectroscopy of liquid crystals" (Espectroscopia de infravermelhos, Raman, visível e ultravioleta de cristais líquidos), 2, 19, (1974).
127. N.K.Chudgar e S.N.Shah, Liq.Cryst.,4(6), 661-668 (1989).
128. Sukuki, Toshiyuki, Nakamura Mamisumida, Hikarushigeta, J. Soc. Cosmet. Chem. 43(1), 21, (1992).
129. A.A.Saleh, B.Pleune, J.C.Fettinger e R.Poli, Polyhedron,16,1391, (1997).
130. S. Matsumoto, K. Mizunoya e H. Tomii, Mol. Cryst. Liq. Cryst., 87, 53, (1982).
131. D.S.Chemla e J. Zyss, Propriedades ópticas não lineares de moléculas orgânicas Crystals, Academic Press; Londres, 2, (1987).
132. S. Nakata, K. Kuriyama, M. Kimura, T. Natsui, Y. Makita, Y. Matsuki, N. Bessho e Y. Takeuchi, SID 98 Digest, LP3.512, (1999).
133. Dave J.S e Vora R.A (1970). In: J.F . Johnson e R.S. Porter, (eds), (Liquid Crystals and ordered fluids, Plenum Press: New York, p.447.
134. S.L.Arora, P.P.Muthoray, R.A.Vora, D.J.David e A.M.Dasgupta, Liquid Crystals, 5, 133, (1989).
135. K. Y. Law, Chem. Rev., 93, 449, (1993).
136. F. Wurthner, C. Thalacker, S. Diele, C. Tschierske, Chem. Eur. J., 7, 2245, (2001).
137. H. Eichhorn, D. W. Bruce, D. Wohrle, Adv. Mater, 10, 419, (1998).
138. (a) D. Hertel, C. D. Muller, K. Meerholz, Chem. of Our Time, 39, 336, (2005); (b) A. Stracke, J. H. Wendroff, D. Janietz, S. Mahlstedt, Adv. Mater, 11, 667, (1999).
139. A. Stracke, J. H. Wendroff, D. Goldmann, D. Janietz, B. Stiller, Adv. Mater, 12, 282, (2000).

140. M. O. Neill, S. M. Kelly, Adv. Mater, 15, 1135, (2003).
141. (a) S. Benning, H.S. Kitzerow, H. Bock, M.F. Achard, Liq. Cryst., 27, 901, (2000); (b) T. Hassheider, S. A. Benning, H. S. Kitzerow, M. F. Achard, H. Bock, Angew. Chem., 113, 2119, (2001); (c) I. Seguy, P. Destruel, H. Bock, Synth. Met., 111, 15, (2000).
142. N. Boden, R. J. Bushby, J. Clements, B. Movaghar, J. Mater. Chem., 9, 2081, (1999).
143. W. Pisula, A. Menon, M. Stepputat, I. Lieberwirth, U. Kolb, A. Tracz, H. Sirringhaus, T. Pakula e K. Mullen, Adv. Mater, 17, 684, (2005).
144. (a) S. Kumar, Curr. Sci., 82, 256, (2002); (b) N. R. Armstrong, B. Kippelen, D. F. O.Brien, S. M. Marder, J.L. Bredas, Proceedings-NCPV Programme Review Meeting, Lakewood, 328, (2001).
145. B. A. Gregg, M. A. Fox, A. J. Bard, J. Phys. Chem., 94, 1586, (1990).
146. L. Schmidt-Mende, A. Fechtenkotter, K. Mullen, E. Moons, R. H. Friend, J. D. Mackenzie, Science, 293, 1119, (2001).
147. (a) J. Jung, A. Rybak, A. Slazak, S. Bialecki, P. Miskiewicz, I. Glowacki, J. Ulanski, S. Rosselli, A. Yasuda, G. Nelles, Z. Tomovic, M. D. Watson e K. Mullen, Synth. Met.,155, 150, (2005) ; (b) J. P. Schmidtke, R. H. Friend, M. Kastler e K. Mullen, J. Chem. Phys., 124, 174704, (2006).
148. (a) J. Clements, N. Boden, T. Gibson, R. Chandler, J. Hulbert e E. A. Ruck- Keene, Sens. Actuators, 47, 37, (1998); (b) N. Boden, R. J. Bushby e A. N. Cammidge, J. Am. Chem. Soc., 117, 924, (1995). (a) L. Zhi, J. Wu, J. Li, U. Kolb e K. Mullen, Angew. Chem. Int. ed, 44, 2120, (2005); (b) J. Wu, B. E. Hamaoui, J. Li, L. Zhi, U. Kolb e K. Mullen, Small, 1, 210, (2005); (c) L. Gherghe, C. Kubel, G. Lieser, H. J. Rader e K. Mullen, J.Am.Chem. Soc., 124, 13130, (2002).

Capítulo 2

SÍNTESE DE NOVOS HOMÓLOGOS SÉRIE DE CRISTAIS LÍQUIDOS

Reagentes e tecnologia

Os seguintes materiais foram utilizados para a síntese da série homóloga: Brometo de alquilo (SRL, Mumbai, Índia) comprado diretamente ao revendedor de produtos químicos e utilizado sem purificação. Ácido hidroxilbenzóico, 4-hidroxiacetanilida, 4-Hdroxibenzaldeído, Anhy.K2CO3, pastilhas de KOH, ácido 4-aminobenzóico, cloreto de tionilo (SOCl2), piridina, piperidina, DMAP (4,4'-dimetilaminopiridina) foram adquiridos à Merck (Alemanha) e (DCC) diciclohexilcarbodiimida) à SRL (Índia). A O-cloroanilina, o fenol, o 1-naftol e o 2-naftol foram adquiridos à Finar Chemicals (Índia). Todos os solventes foram utilizados após purificação. As análises elementares (C, H, N) foram efectuadas no Departamento de Química, Centro de Excelência, Complexo NFDD, Universidade de Sourastra, Rajkot. $^{-1}$Os espectros de infravermelhos foram registados com um Shimazdu na gama de frequências de 4000-400 cm, com as amostras embebidas em pastilhas de KBr. ^{1}Os espectros de ressonância magnética nuclear (RMN) de H dos compostos foram registados com um Bruker-400 MHz utilizando CDCl3 como solvente e TMS como referência interna. As análises cromatográficas em camada fina foram efectuadas utilizando gel de sílica revestido a alumínio e examinadas sob luz ultravioleta de onda curta (UV). As quantidades termodinâmicas entalpia (AH) e entropia (AS=AH/T) são discutidas qualitativamente. As temperaturas de transição de fase foram medidas utilizando um microscópio ótico de polarização equipado com um estágio de aquecimento e uma câmara digital. As texturas dos compostos foram observadas utilizando luz polarizada com polarizadores cruzados, com a amostra ensanduichada numa película fina entre uma lâmina de vidro e uma lamela. As texturas dos compostos foram determinadas pelo método da miscibilidade.

2.1 2-[4'-n-alcoxibenzoiloxi]-naftilazo-2''-butoxibenzeno

2.1.1 Preparação do ácido 4-n-alcoxibenzóico

O ácido 4-hidroxibenzóico (1 mmol, 13,85 g) correspondente ao brometo de n-alquilo (0,12 mol, 23,19 ml) e as pastilhas de KOH (0,25 mol, 14,0 g) foram dissolvidos em metanol ou etanol (100 ml) num R.B.F. equipado com um condensador de refluxo e refluxado no banho de água durante 3 a 4 horas. Em seguida, adicionou-se ao balão uma solução aquosa de KOH a 10% e a massa reacional foi mantida em refluxo durante 2 a 3 horas para hidrolisar os ésteres formados. A solução foi arrefecida à temperatura ambiente e a massa reacional foi acidificada por adição de HCl diluído arrefecido com gelo e água numa proporção de 1:1; o precipitado obtido foi filtrado e lavado com água. Os alcoxiácidos foram cristalizados em metanol até se atingir a temperatura de transição constante. O tempo de refluxo da massa reacional foi aumentado para os homólogos mais elevados do ácido n-alcoxibenzóico, estando a temperatura de transição em boa concordância com os relatórios anteriores da literatura.

Tabela:-1 Temperatura de transição do ácido p-n-alcoxibenzóico

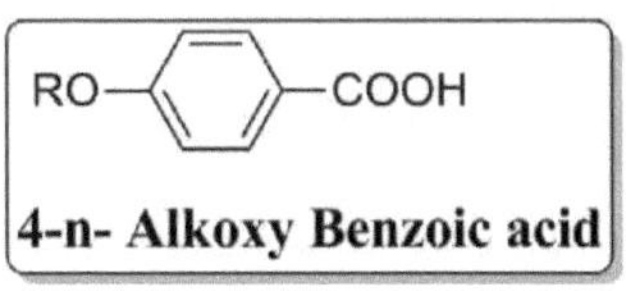

Compound No.	n-Alkyl chain C_nH_{2n+1}	Transition Temperatures in(°C)		
		Smectic	Nematic	Isotropic
1	C_1	-	-	184.0
2	C_2	-	-	194.0
3	C_3	-	145.0	154.0
4	C_4	-	147.0	160.0
5	C_5	-	124.0	150.0
6	C_6	-	105.0	153.0
7	C_7	94.0	99.0	147.0
8	C_8	101.0	108.0	148.0
9	C_{10}	95.0	122.0	140.0
10	C_{12}	95.0	130.0	138.0
11	C_{14}	93.0	134.0	136.0
12	C_{16}	86.0	-	133.0
13	C_{18}	-	100.0	124.0

2.1.2 Síntese de cloretos de 4-n-alcoxibenzoílo

Os cloretos de 4-n-alcoxibenzoílo foram preparados por refluxo dos ácidos 4-n-alcoxibenzóicos na presença de um excesso de cloreto de tionilo ($SOCl_2$) recentemente destilado, num banho de água, até que a evolução do gás cloreto de hidrogénio tenha cessado aproximadamente. A mistura reacional foi aquecida durante, pelo menos, 4 a 5 horas. O excesso de cloreto de tionilo foi destilado. O cloreto de ácido foi utilizado diretamente para outras reacções sem purificação.

2.1.3 Preparação de 4-butilacetanilida a partir de paracetamol

O paracetamol (0,1 mol), o K_2CO_3 anidro (0,15 mol) e o brometo de n-butilo (0,15 mol) são misturados em acetona (60 ml) e a mistura reacional é refluxada durante 3-4 horas. A massa inteira foi então adicionada a água e extraída com éter dietílico. Finalmente, obtém-se um produto branco de acetanilida de 4-butilo.

2.1.4 Preparação de 4-butoxianilina a partir de 4-butoxiacetanilida

A 4-butoxiacetanilida (0,145 mol) foi agitada com água (50 ml) e HCl concentrado (30 ml) a 95 ° C durante 5 a 7 horas e depois arrefecida à temperatura ambiente. A mistura reacional resultante foi alcalinizada por adição de uma solução de NaOH a 50 %. O produto 4-butoxianilina é um líquido oleoso acastanhado. Os pontos de ebulição da 4-n-butoxianilina correspondem aos pontos de ebulição indicados na literatura.

2.1.5 2-hidroxi-naftil-azo 4'-butiloxibenzeno

Adicionou-se 2-Naftol (0,005 mol, 0,85 g) em solução de NaOH à solução de cloreto de diazónio de 4-butoxianilina a 0-5°C durante 1 hora. O pH (= 7,0) foi mantido pela adição de solução de NaOH. A mistura foi agitada durante mais 3 a 4 horas para se obter uma separação completa e o corante castanho foi isolado por filtração, lavado com água, seco e purificado por cromatografia em coluna em gel de sílica (60 mesh) utilizando uma mistura de acetato de etilo/éter dietílico (7:3) como eluente. ^{0}O rendimento e o pH do produto obtido são de 72 %, a 80 °C.

O 2-hidroxinaftil-azo-4'-butiloxibenzeno (corante azoico, 0,1 mol) foi dissolvido em piridina seca (10 ml) e adicionado gota a gota ao cloreto de 4-n-alcoxibenzoílo correspondente (0,015 mol) com agitação constante. A mistura reacional foi aquecida em banho-maria durante cerca de uma hora e deixada em repouso durante a noite. Foi decomposta em ácido clorídrico 1:1 frio. Os precipitados foram filtrados, lavados com água, solução aquosa de bicarbonato de sódio a 10% e novamente com água. O resíduo bruto resultante foi purificado por cromatografia em coluna de gel de sílica eluída com diclorometano e recristalizado em metanol/clorofórmio (2:3) até se observarem temperaturas de transição constantes. A via de síntese de uma série é apresentada no Esquema-1.

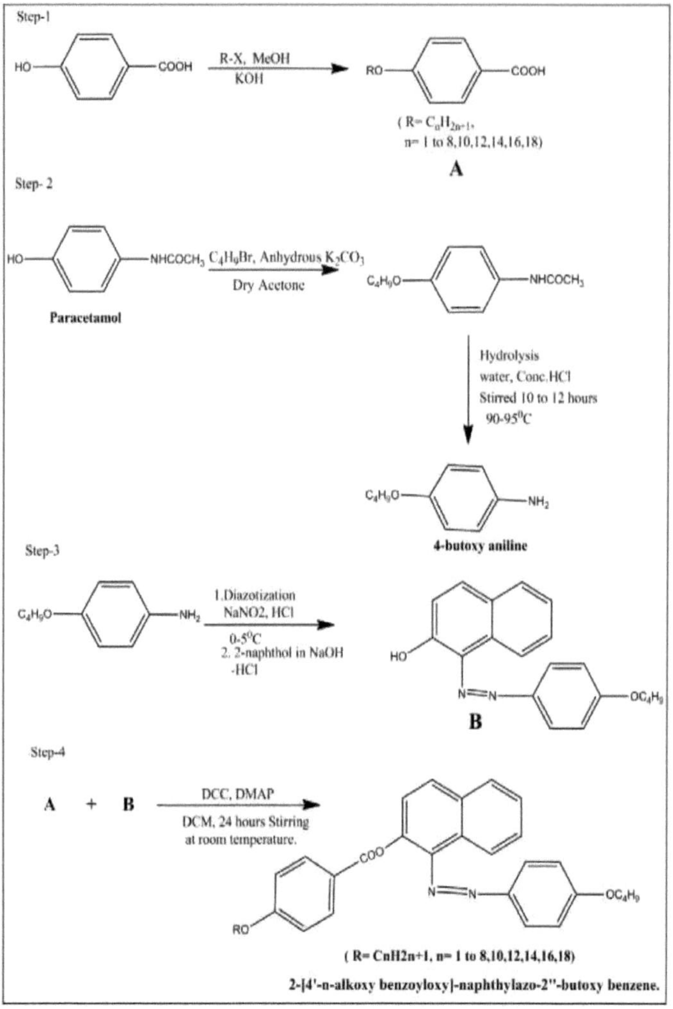

Esquema 1: Trajeto sintético da série 1

2.2.7 *As temperaturas de escoamento e o diagrama de fases da série 1 são apresentados a seguir.*

Tabela:2 Temperatura de transição da série 1

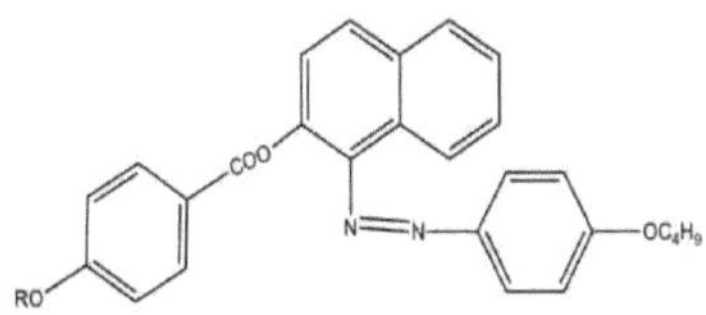

Compound No	n-alkyl chain C_nH_{2n+1}	Transition Temperatures in (°C)		
		Smectic	Nematic	Isotropic
1	C_1	-	-	111.0
2	C_2	-	-	101.0
3	C_3	-	-	98.0
4	C_4	-	52.0	78.0
5	C_5	-	49.0	75.0
6	C_6	-	44.0	65.0
7	C_7	40.0	48.0	69.0
8	C_8	44.0	56.0	78.0
9	C_{10}	45.0	58.0	75.0
10	C_{12}	56.0	67.0	89.0
11	C_{14}	41.0	68.0	98.0
12	C_{16}	49.0	59.0	88.0
13	C_{18}	52.0	66.0	81.0

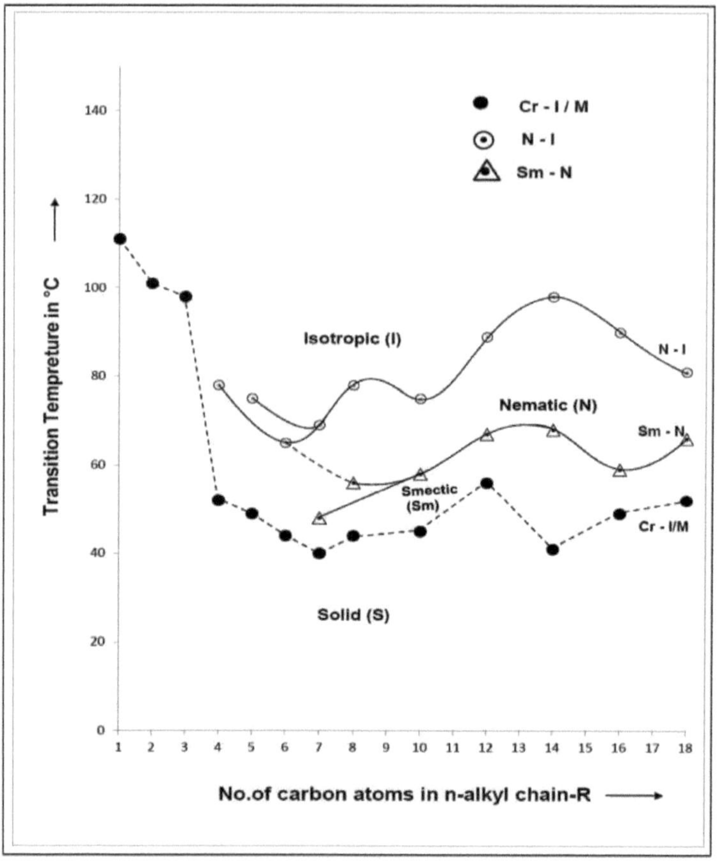

Figura 12: Diagrama de fases da série 1

2.2.8 Caracterização

[1]Os compostos foram caracterizados por IR, H-NMR e análise elementar e as texturas foram determinadas pelo método de mistura.

2.2.9 Dados analíticos

681218**Tabela 3:** Textura da fase nemática de C , C , C , C de acordo com o método de mistura.

Sr. No.	Homologue	Texture	
		Smectic	Nematic
1	C_6	Sm-A	Threaded
2	C_8	Sm-A	Threaded
3	C_{12}	Sm-C	Schlieren
4	C_{18}	Sm-C	Schlieren

Tabela 4: Análise elementar dos derivados de pentiloxi, octiloxi, deciloxi e hexadeciloxi.

Sr. No.	Molecular formula	%Elements found			%Elements calculated		
		C	H	N	C	H	N
1	$C_{32}H_{34}O_4N_2$	74.00	6.49	6.50	74.70	6.61	6.62
2	$C_{35}H_{40}O_4N_2$	75.45	7.10	5.45	75.53	7.19	5.57
3	$C_{37}H_{44}O_4N_2$	75.92	7.40	5.38	76.02	7.53	5.47
4	$C_{43}H_{56}O_4N_2$	77.01	8.29	4.66	77.24	8.38	4.79

-1Espectros de IV em cm para os derivados octiloxi e dodeciloxi:

49**Oitiloxi (c8):** 669 polimetileno (-CH2-)n de -OC8H17, 840 (-C-H- def. m di-substituído-para), 759 polimetileno (-CH2-) de -OC H , 1105 e 1024 (-C-O-) str 1163,1247(-C-O str na cadeia -(CH2)n, 1423 e 1469 (-C-H- def. em CH2), 1494 (-C=C-)str, 1604(grupo N=N) e 1735 (grupo -COO- éster), 2848 e 2918 (-C-H str em CH3).

Dodeciloxi (c12): 661 polimetileno (-CH2-)n de -OC12H25, 844 (-C-H- def. m di-substituído-para), 769 polimetileno (-CH2-) de -OC4H9, 948 (-C-H- def. hidrocarboneto), 1085 e 1031 (cadeia -C-O-), 1165,1255 e 1307 (cadeia -C-O na cadeia -(CH2)n, 1465 (cadeia -C-H- def. em CH2), 1566 (cadeia -C=C-), 1604 (grupo N=N) e 1737 (grupo -COO- éster), 2848 e 2916 (cadeia -CH em CH3).

Espectros 1HNMR em CDC13 a 6 ppm para os derivados hexiloxi e octadeciloxi: 63**Hexiloxi (C):** 0,88 (t,-CH de -OC6H13), 1,18-1,37(m, grupos n-polimetileno de -OC6H13), 1,48 (m, grupos n-polimetileno de -OC4H9), 3.8(s,-OCH2-CH2de -OC6H13), 3.99 (s,-OCH2-CH2de -OC4H9), 6.9-7.1(s, anel naftaleno), 7.7-7.99 (s, anel fenilo p-dissubstituído).

181837**Octadeciloxi (C):** 0,82 (t,-CH3 de -OC H), 1,1-1,3(m, grupos n-polimetileno de -OC18H37), 1,51 (m, grupos n-polimetileno de -OC4H9), 3.3-3.6(s,-OCH2-CH2de -OC18H37), 4.0(s,-OCH2-CH2de OC4H9), 7.0-7.2(s, anel naftaleno), 7.9-8.1 (s, anel fenil p-dissubstituído).

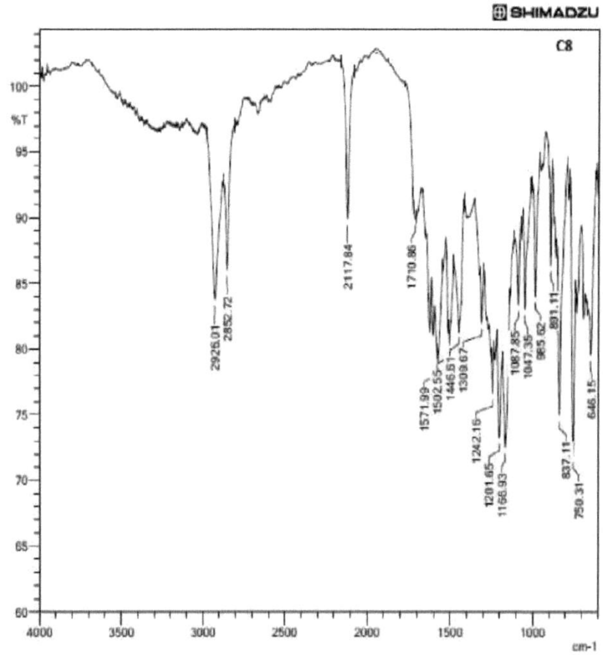

Figura 13: Espectros de infravermelhos do comp. C8

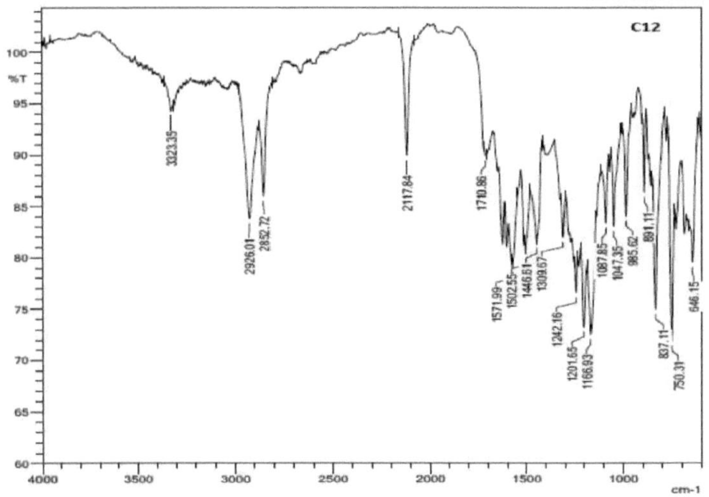

Figura 14: Espectros de infravermelhos do comp.C12

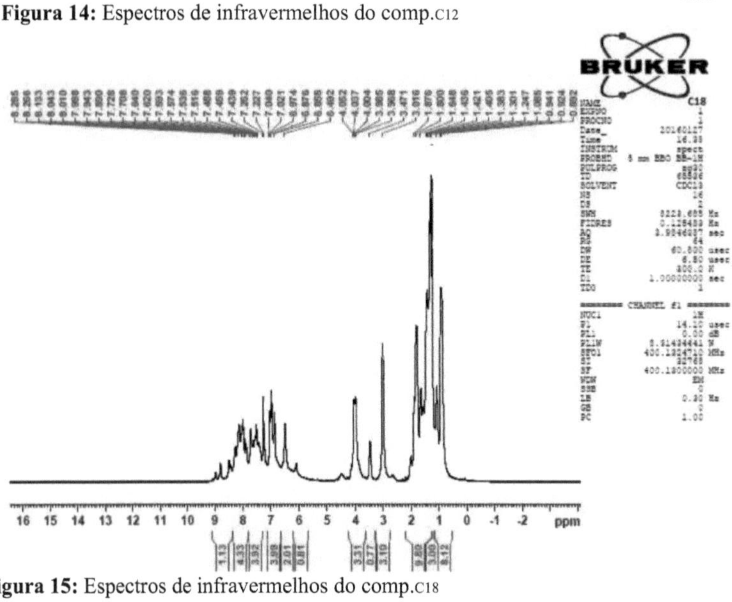

Figura 15: Espectros de infravermelhos do comp.C18

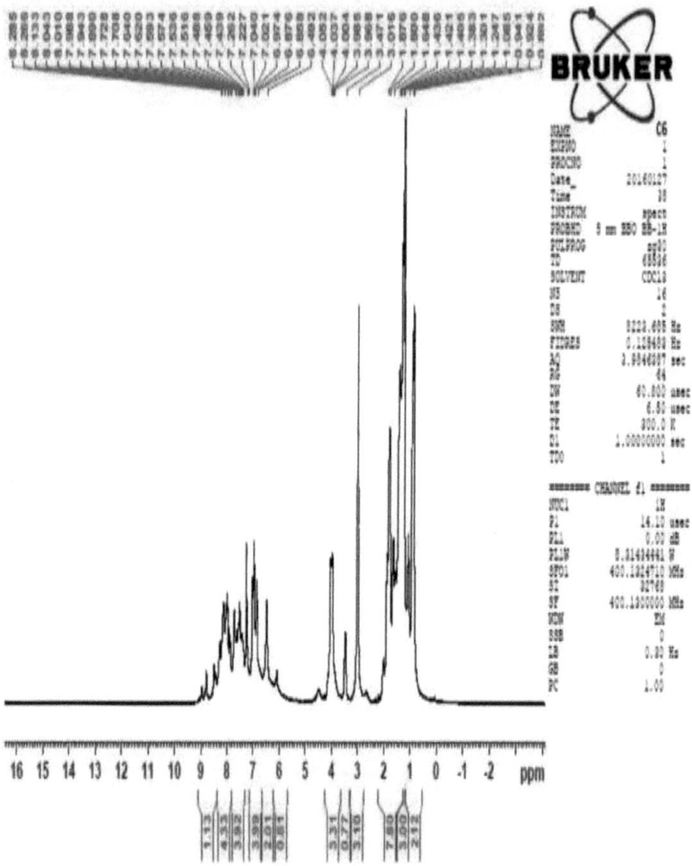

Figura 16: Espectros de infravermelhos da comp.C6

2.3 4-(4'-n-alcoxicinamoiloxi)-naftilazo-2''-clorobenzenos

2.3.1 Síntese do 4-n-alcoxibenzaldeído

O 4-hidroxibenzaldeído (0,1 mol), o anhy.K2CO3 (0,15 mol) e o brometo de n-alquilo correspondente (0,15 mol) foram adicionados em acetona seca (50 ml). A mistura foi refluxada num banho de água durante três a quatro horas. No caso de membros superiores, o tempo de refluxo foi prolongado até ao tempo necessário, dependendo do membro. A reação foi monitorizada por TLC. Após a reação estar completa, toda a massa foi adicionada a água, depois extraída com éter e lavada com NaOH diluído para remover o 4-hidroxibenzaldeído que não reagiu. O P.P.B./P.M. observado estava de acordo com os dados da literatura.

2.3.2 Síntese do ácido trans-4-n-alcoxicinâmico a partir do 4-n-alcoxibenzaldeído

O 4-n-alcoxibenzaldeído correspondente (20 mmol), o ácido malónico (3,2 g, 0,04 mol), a piridina (8 ml) e uma quantidade catalítica de piperidina (2-3 gotas) foram misturados e aquecidos num banho de água durante 3-4 horas. A mistura foi transferida para uma solução de HCl 50 % con. HCl. O precipitado foi filtrado e lavado com água. O produto cristalizou a partir de ácido acético a 98 % até se atingir uma temperatura de transição constante. O rendimento observado do ácido 4-n-alcoxicinâmico foi de 78-80 %.

Table 5: Temperaturas de transição do ácido trans-4-n-alcoxicinâmico

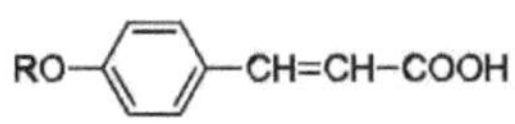

Trans P-n-Alkoxy of Cinnamic acid

Compound No.	n-Alkyl chain C_nH_{2n+1}	Transition Temperatures in(°C)		
		Smectic	Nematic	Isotropic
1	C_1	-	174.0	190.0
2	C_2	-	194.0	200.0
3	C_3	-	169.0	184.0
4	C_4	-	156.0	189.0
5	C_5	-	144.0	180.0
6	C_6	-	152.0	180.0
7	C_7	-	148.0	175.0
8	C_8	-	145.0	172.0
9	C_{10}	136.0	150.0	169.0
10	C_{12}	132.0	157.0	164.0
11	C_{14}	127.0	-	160.0
12	C_{16}	118.0	-	159.0
13	C_{18}	120.0	-	157.0

2.3.3 O ***4-hidroxinaftilazo-2"-clorobenzeno*** 1-naftol (0,005 mol, 0,85 g) em solução de NaOH foi adicionado à solução de cloreto de diazónio de O-cloroanilina durante 1 hora a 0-5°C. O pH (= 7,0) foi mantido pela adição de solução de NaOH. A mistura foi agitada durante mais 3 a 4 horas para se obter uma separação completa e o corante cor de laranja foi isolado por filtração e lavado com água. A cristalização do corante azo final foi efectuada utilizando etanol como solvente. ^{0}O rendimento e o pH do produto obtido são 83,38 %, 120 C.

2.3.4 Trans-4-(4'-n-alcoxi cinamoiloxi) naftil azo-2"-clorobenzenos

. O ácido 4-n-alcoxicinâmico (1,9 mmol), o 4-hidroxinaftilazo-2"-clorobenzeno (2,3 mmol) e uma quantidade catalítica de DMAP (4-dimetilaminopiridina) foram dissolvidos em CH2Cl2 seco (20 mL), após 20 minutos adicionou-se DCC (1,3-diciclohexilcarbodiimida) (0,0023 mol) a baixa temperatura e a mistura reacional foi agitada à temperatura ambiente durante 24 horas. A diciclohexilureia formada foi removida por filtração. O produto em bruto obtido por evaporação do solvente foi purificado por cromatografia em coluna com 30% de acetato de etilo: hexano como eluente. Em seguida, foi recristalizado com etanol como solvente. O rendimento obtido foi de 60,8 %. A via de síntese da série 2 é apresentada no Esquema 2.

Table 6: °Temperaturas de transição em C para a série homóloga-2

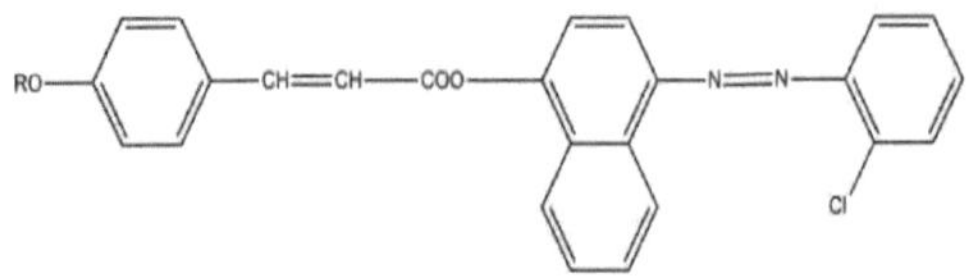

Sr.no	R= n-alkyl group	Transition temperatures in ^{0}C		
		Smectic	Nematic	Isotropic
1	C_1	-	-	178.0
2	C_2	-	-	182.0
3	C_3	-	-	179.0
4	C_4	-	-	169.0
5	C_5	-	-	157.0
6	C_6	-	129.0	168.0
7	C_7	-	114.0	160.0
8	C_8	-	119.0	156.0
9	C_{10}	-	124.0	154.0
10	C_{12}	-	110.0	138.0
11	C_{14}	-	102.0	128.0
12	C_{16}	-	96.0	130.0
13	C_{18}	-	94.0	127.0

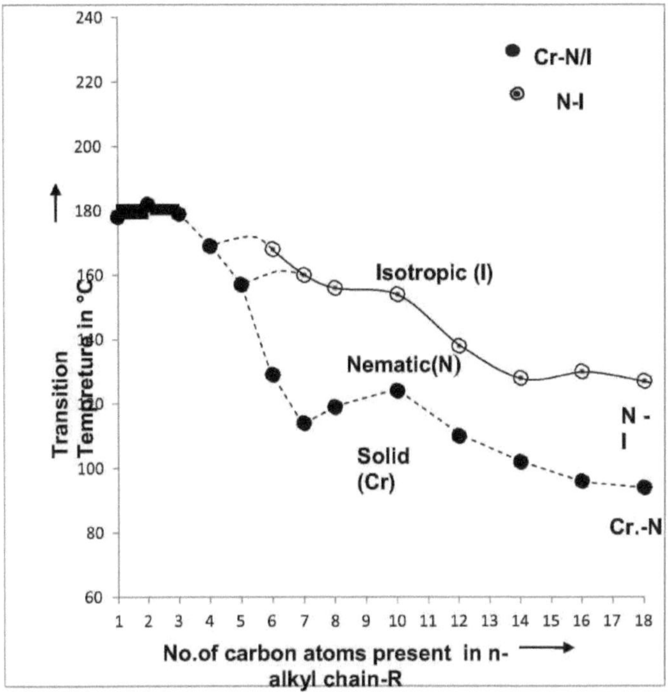

Figura: 17 Diagrama de fases da série 2

2.3.5 [1]**Caracterização:** Os compostos foram caracterizados por IR, H-NMR e análise elementar e as texturas foram determinadas pelo método de mistura.

2.3.6 Dados analíticos:

Tabela 7: Análise elementar dos derivados (1) hexiloxi, (2) octiloxi, (3) deciloxi e (4) octadecoiloxi

Sr.	Molecular formula	%Elements found			%Elements calculated		
No.		C	H	N	C	H	N

1	$C_{31}H_{29}O_3N_2Cl$	74.00	6.49	6.50	72.58	5.65	5.46
2	$C_{33}H_{33}O_3N_2Cl$	75.45	7.10	5.45	73.26	6.10	5.18
3	$C_{35}H_{37}O_3N_2Cl$	75.92	7.40	5.38	73.87	6.50	4.92
4	$C_{43}H_{53}O_3N_2Cl$	77.01	8.29	4.66	75.82	7.78	4.11

-1Espectros de IV em cm para os derivados de deciloxi e dodeciloxi:

21**Deciloxi (C10) :** 750 polimetileno (-CH2-)n de -OC1oH , 837 (-C-H- def. substituído-para), 1047 (-C-O-) Str 1201,1253(-C-O str na cadeia -(CH2)n, 1446 e 1507 (-C-H- def. em CH2), 1571 (-C=C-)str, 1604(grupo N=N) e 1710 (grupo -COO- éster), 2852 e 2926 (-C-H str em CH3), 1087 (C-Cl) aromático, 980 trans -CH=CH-..,

Dodeciloxi (C12) : 721 polimetileno (-CH2-)n de -OC12H25 , 833(-C-H- def. m di-substituído-para), 948 trans -CH=CH-, 1020 e 1114 (-C-O-) str, 1165,1253 e 1377 (-C-O str na cadeia -(CH2)n, 1465 (-C-H- def. em CH2), 1502 (-C=C-)str, 1604(grupo N=N) e 1660 - CO do grupo éster -COO-), 2850 e 2922 (-C-H str em CH3).

Espectros 1HNMR em CDC13 a 6 ppm para o derivado heptiloxi e hexadeciloxi:

Heptiloxi (C7): 0,86 (t, -CH3 de -C7H15), 1,22 (m, grupos n-polimetileno de -OC7H15), 3,7 a 3,9 (s, -OCH2-CH2 de -OC7H15), 4.06 (t, de -OCH2-), 8.03 (s, anel naftaleno), 7.02 (d, Ar-H), 7.38 (d, Ar-H), 7.7-8.4 (s, anel fenilo p-dissubstituído).

Hexadeciloxi (C16): 1,4-1,6 (m, grupos n-polimetileno de-OC16H33), 3,3-3,9 (s,-OCH2-CH2- de OC16H33), 1,49(m, 3CH2), 3,9-4,0 (t,-OCH2-CH2-de -OC16H33), 7,3-7,3 (s, anel naftaleno), 7,9-8,1 (s, anel fenilo p-dissubstituído),

Table 8: Textura da fase nemática de $_{C5}$, $_{C7}$, $_{C8}$, $_{C12}$ de acordo com o método de mistura.

Sr. No.	Homologue	Texture
1	C_5	Schlieren
2	C_7	Threaded
3	C_8	Threaded
4	C_{12}	Nematic droplets

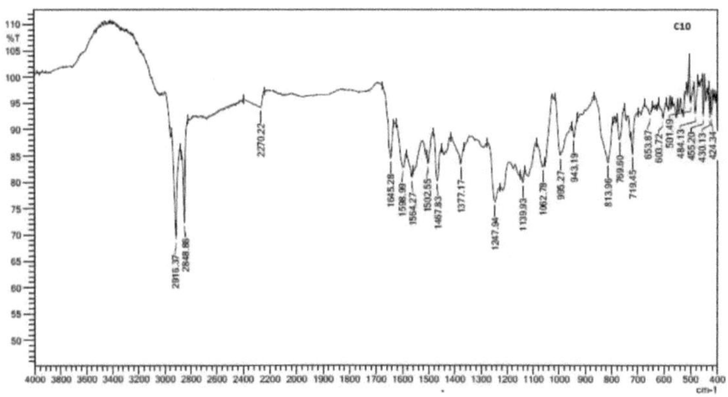

$_{10}$*Figura 18: Espectros de infravermelhos do* **homólogo C**

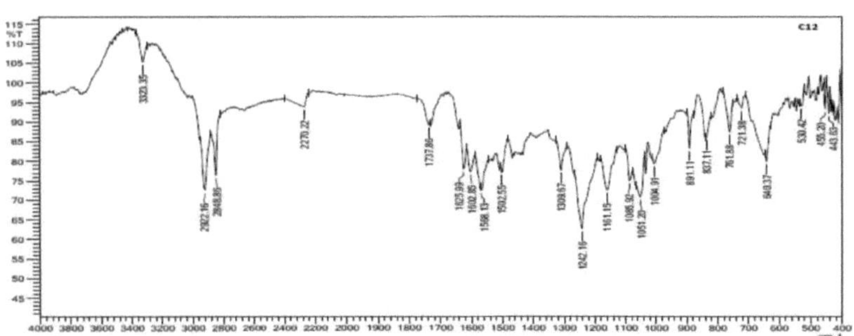

Figura 19: Espectros de infravermelhos do homólogo C12

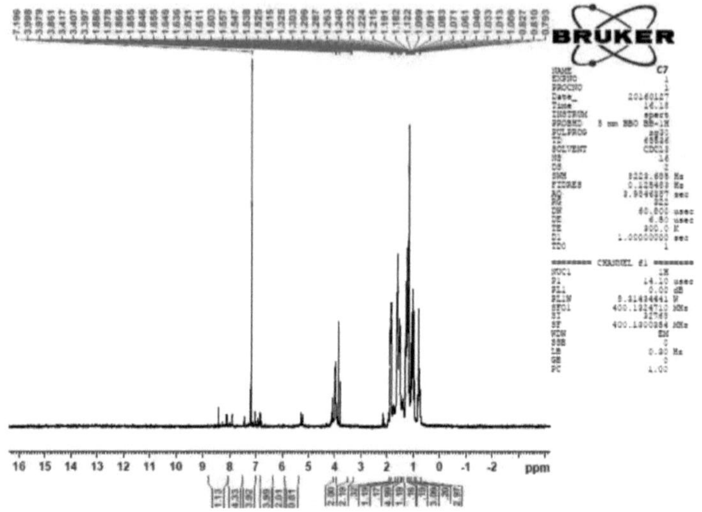

Figura 20: Espectros 1H-NMR do homólogo C7

Figura 21: Espectros 1H-NMR do homólogo C16

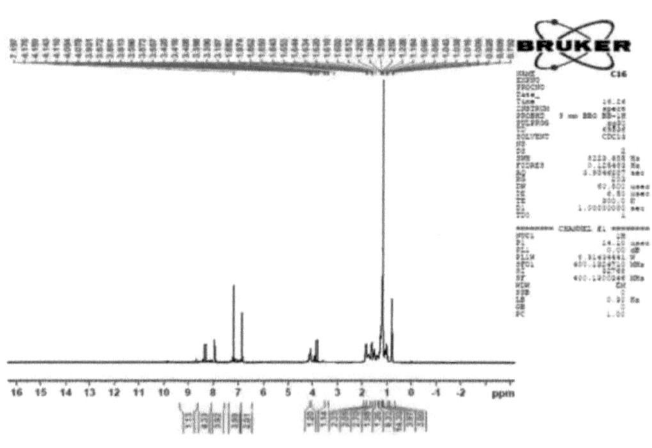

2.4 4-(4'-n-alcoxibenzoiloxi)-naftilazo-4''-butoxibenzeno

2.4.1 Síntese do ácido 4-n-alcoxibenzóico

O alcoxi do ácido benzoico foi sintetizado de acordo com o método modificado de Dave e Vora et al. descrito na secção 2.2.1 [195].

2.4.2 Preparação de 4-butilacetanilida a partir de paracetamol

O paracetamol (0,1 mol), o K2CO3 anidro (0,15 mol) e o brometo de n-butilo (0,15 mol) são misturados em acetona (60 ml) e a mistura reacional é refluxada durante 3-4 horas. A massa total foi então adicionada a água e extraída com éter dietílico. Finalmente, obtém-se um produto branco de acetanilida de 4-butilo [197].

2.4.3 Preparação de 4-butoxianilina a partir de 4-butoxiacetanilida

A 4-butoxiacetanilida (0,145 mol) foi agitada com água (50 ml) e HCl concentrado (30 ml) a 95 °C durante 5 a 7 horas e depois arrefecida à temperatura ambiente. A mistura reacional resultante foi alcalinizada por adição de uma solução de NaOH a 50 %. O produto 4-butoxianilina é um líquido oleoso acastanhado. Os pontos de ebulição da 4-n-butoxianilina correspondem aos pontos de ebulição indicados na literatura [198].

2.4.4 4-hidroxi-naftil-azo 4'-butiloxibenzeno

1-Naftol (0,005 mol, 0,85 g) em solução de NaOH foi adicionado à solução de cloreto de diazónio de 4-butoxianilina a 0-5°C durante 1 hora. O pH (= 7,0) foi mantido pela adição de solução de NaOH. A mistura foi agitada durante mais 3 a 4 horas para se obter uma separação completa e o corante castanho foi isolado por filtração, lavado com água, seco e purificado por cromatografia em coluna em gel de sílica (60 mesh) utilizando uma mistura de acetato de etilo/éter dietílico (7:3) como eluente. ^{0}O rendimento e a PM do produto obtido são 71 %, 132 C [199].

2.4.5 4-[4'-n-alcoxibenzoiloxi]-naftilazo-4''-butiloxibenzenos

O ácido 4-n-alcoxibenzóico (1,9 mmol), o 4-hidroxinaptil-azo-4'-butiloxibenzeno (2,3 mmol) e uma quantidade catalítica de DMAP (4-dimetilaminopiridina) foram dissolvidos em CH2Cl2 seco (20 mL), após 20 minutos adicionou-se DCC (1,3-diciclohexilcarbodiimida) (0,0023 mol) a baixa temperatura e a mistura reacional foi agitada à temperatura ambiente durante 48 horas. A diciclo-hexilureia formada foi removida por filtração. O resíduo bruto resultante foi purificado por

O resíduo bruto resultante foi purificado por cromatografia em coluna em gel de sílica, eluída com diclorometano, recristalização a partir de metanol: clorofórmio (2:3) até se observarem temperaturas de transição constantes [200]. A via de síntese da série-3 é apresentada no Esquema-3 seguinte.

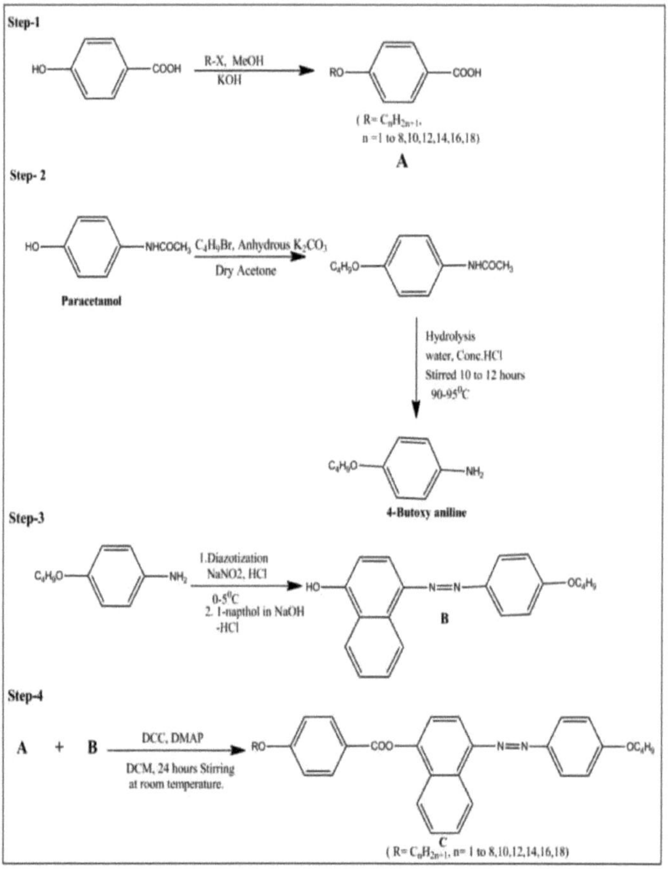

Esquema 3: Via de síntese da série-3

Table 9: °Temperaturas de transição em C para as séries homólogas-3

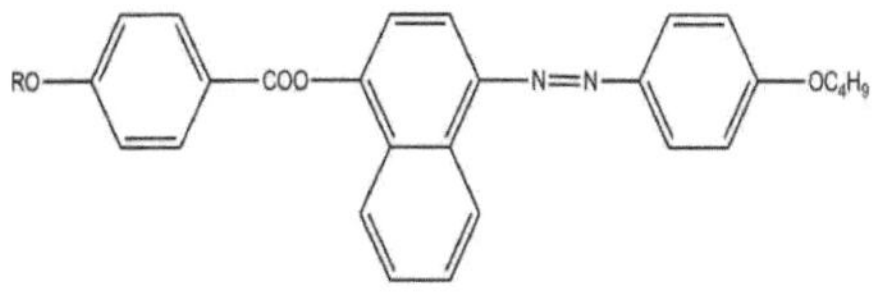

Compound No	n-alkyl chain C_nH_{2n+1}	Transition Temperatures in(°C)		
		Smectic	Nematic	Isotropic
1	C_1	-	-	179.0
2	C_2	-	-	158.0
3	C_3	-	-	150.0
4	C_4	-	-	148.0
5	C_5	-	-	151.0
6	C_6	-	132.0	146.0
7	C_7	-	127.0	140.0
8	C_8	-	130.0	150.0
9	C_{10}	-	120.0	138.0
10	C_{12}	116.0	132.0	146.0
11	C_{14}	108.0	124.0	144.0
12	C_{16}	104.0	112.0	126.0
13	C_{18}	84.0	94.0	118.0

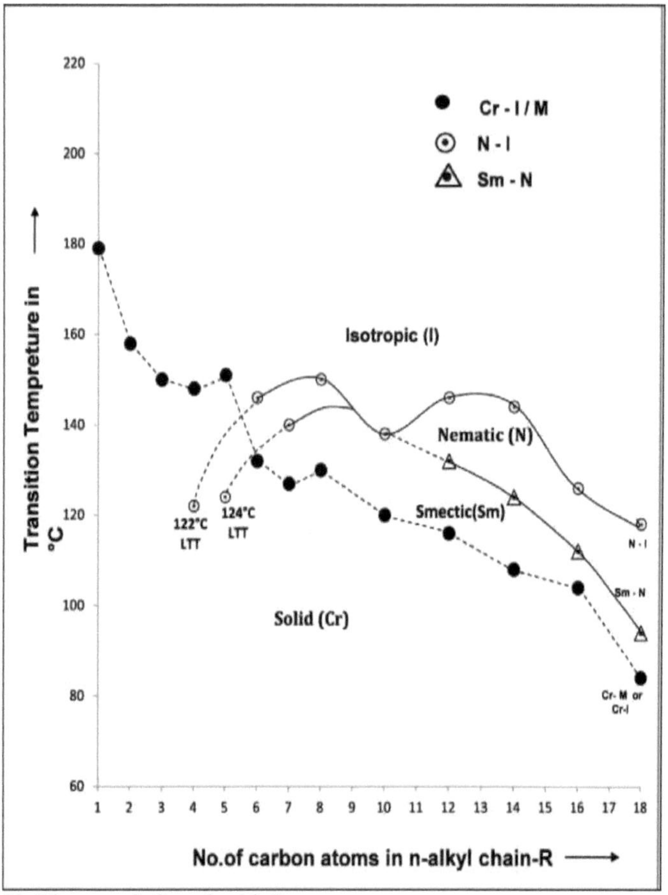

Figura 22: Diagrama de fases da série 3

2.4.6 Caracterização

[1]Os compostos foram caracterizados por análise elementar de IR e H-NMR. A textura dos compostos homólogos foi determinada pelo método de mistura.

2.4.7 *Dados analíticos*

Tabela 10: Análise elementar para os derivados hexiloxi, octiloxi, dodeciloxi e hexadeciloxi.

Sr. No.	Molecular formula	%Elements found			%Elements calculated		
		C	H	N	C	H	N
1	$C_{33}H_{36}O_4N_2$	75.50	6.82	5.30	75.57	6.87	5.34
2	$C_{35}H_{40}O_4N_2$	75.42	7.12	5.50	75.53	7.19	5.57
3	$C_{39}H_{48}O_4N_2$	76.94	7.83	4.54	76.97	7.89	4.60
4	$C_{43}H_{56}O_4N_2$	77.15	8.20	4.69	77.24	8.38	4.79

561416**Quadro 11**: Textura da fase nemática de C , C , C , C de acordo com o método de mistura.

Sr. No.	Homologue	Texture	
		Smectic	Nematic
1	C_{12}	-	Threaded
2	C_{14}	Sm-A	Threaded
3	C_{18}	Sm-C	Threaded

Dados IR(KBr) Tmax/cm-1

7715**Heptiloxi (C)** : 653 polimetileno (-CH2-)n de -OC H , 813 (-C-H- def. di-substituído-para), 769 polimetileno (-CH2-) de -OC4H9, 1139 e 1062 (-C-O-) str 1163,1247(-C-O str na cadeia -(CH2)n, 1377 e 1467 (-C-H- def. em CH2), 1502 (-C=C-)str, 1598, 1604 (grupo N=N), 1645 (C=O do grupo éster) e 1735 (-COO- grupo éster), 2848 e 2918 (-C-H str em CH3).

Dodeciloxi (C10) : 640 polimetileno (-CH2-)n de -OC12H25 , 83 7 (-C-H- def. di-substituído-para), 761 polimetileno (-CH2-) de -OC4H9, 1085 e 1031 (-C-O-) str, 1165,1255 e 1307 (-C-O str na cadeia -(CH2)n, 1465 (-C-H- def. em CH2), 1566 (-C=C-)str, 1602 (grupo N=N), 1625 (C=O do éster) e 1737 (-COO- grupo éster), 2848 e 2922 (-C-H str em CH3).

Espectros 1HNMR em CDC13 a 6 ppm para o derivado hexiloxi e hexadeciloxi:
Heptiloxi (C7): 0,88 (t,-CH_3 de $-C_7H_{15}$), 1,18-1,37(m, grupos n-polimetileno de $-OC_7H_{15}$), 1,48 (, grupos n-polimetileno de $-OC_4H_9$), 3.8(s,$-OCH_2-CH_2$de $-OC_7H_{15}$), 3.99 (s,$-OCH_2-CH_2$de $-OC_4H_9$), 6.9-7.1(s, anel naftaleno), 7.7-7.99 (s, anel fenilo p-dissubstituído).
Hexadeciloxi (C16): 0,82 (t,-CH_3 de $-C_{16}H_{33}$), 1,1-1,3(m, grupos n-polimetileno de- $OC_{16}H_{33}$), 1,51(m, grupos n-polimetileno de-OC_4H_9), 3.3-3.6(s,$-OCH_2-CH_2$de $OC_{16}H_{33}$), 4.0(s,$-OCH_2-CH_2$de - OC_4H_9), 7.0-7.2(anel naftaleno), 7.9-8.1 (s, anel fenil p-dissubstituído).

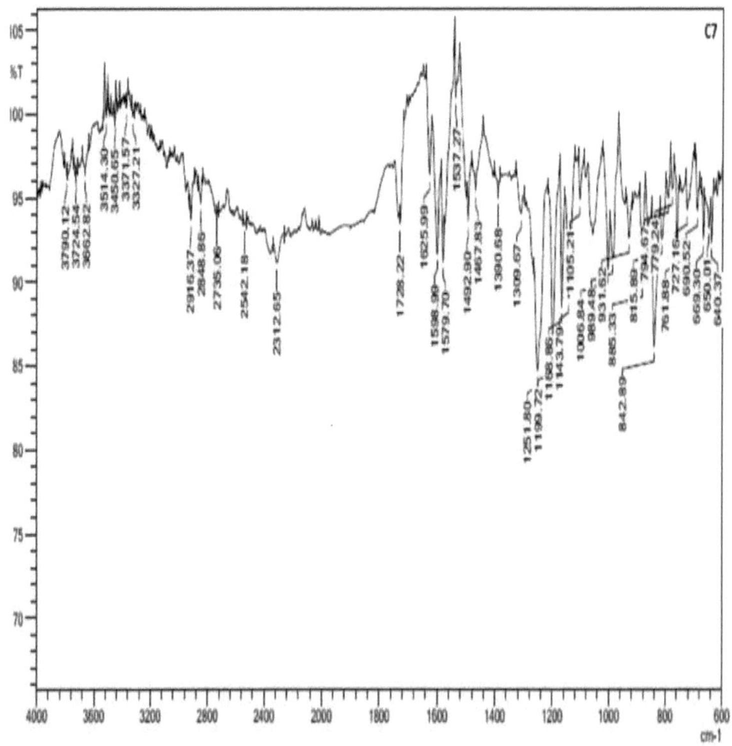

Figura 23: Espectros de infravermelhos do comp. C7

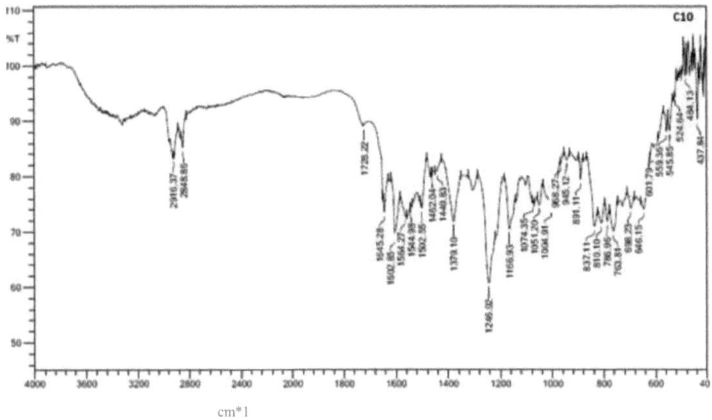

Figura 24: Espectros de infravermelhos da Comp. C10

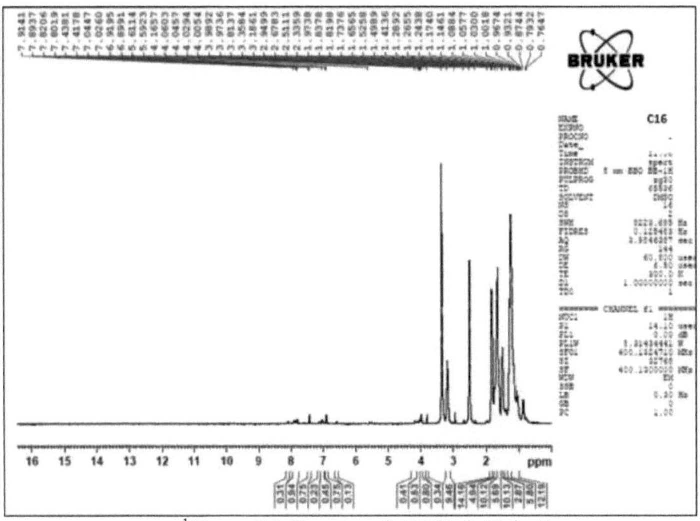

[1]**Figura 25:** Espectros de RMN de H do Comp.C10

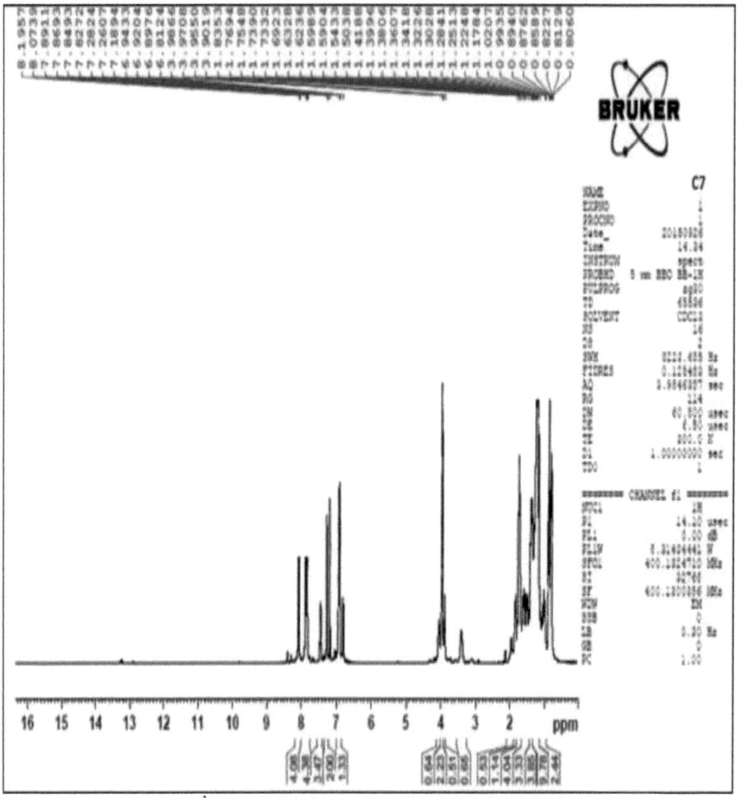

[1]**Figura 26:** Espectros de RMN de H do Comp.C10

Capítulo 3

Resultados e discussão

A presente investigação foi estimulada pelo apelo à procura de novos materiais líquido-cristalinos que possam exibir algumas propriedades específicas para mostrar mesomorfismo. A síntese foi efectuada após a conceção da geometria molecular, a fim de aumentar a probabilidade potencial de os novos compostos apresentarem propriedades de LC, de preferência na gama de temperaturas mais baixas ou mais altas. A simplificação em termos de mesofases é apoiada pelo presente estudo, uma vez que os resultados obtidos suportam os critérios geralmente aceites e algumas novas tendências das curvas de transição e propriedades dos materiais LC. As cinco séries homólogas seguintes foram sintetizadas e as suas propriedades de LC foram medidas. No presente estudo, foi efectuada a síntese das seguintes cinco novas séries homólogas contendo grupos azo. Todas as séries homólogas são de natureza mesomórfica, algumas apresentam propriedades de LC a temperaturas mais baixas, enquanto as restantes séries apresentam mesofases a temperaturas mais elevadas.

Série 1: 2-[4'-n-alcoxibenzoiloxi]-naftilazo-2"-butoxibenzeno

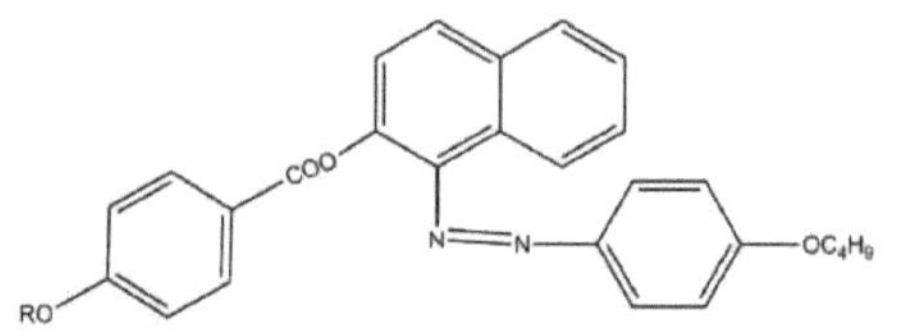

Série 2: 4-(4'-n-alcoxi-cinamoiloxi)-naftilazo-2"-clorobenzenos

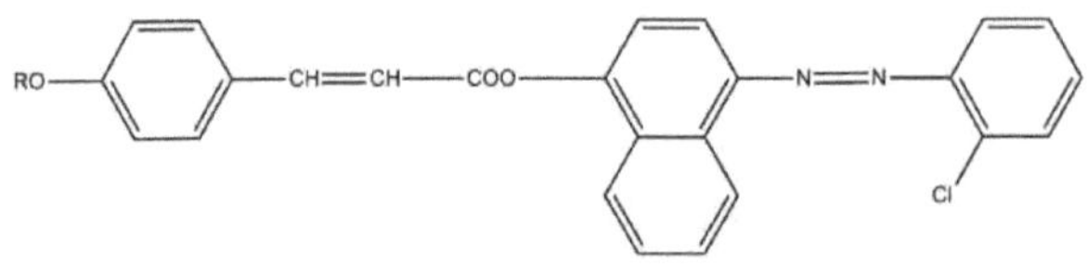

Série 3: 4-(4'-n-alcoxibenzoiloxi)-naftilazo-4"-butoxibenzeno

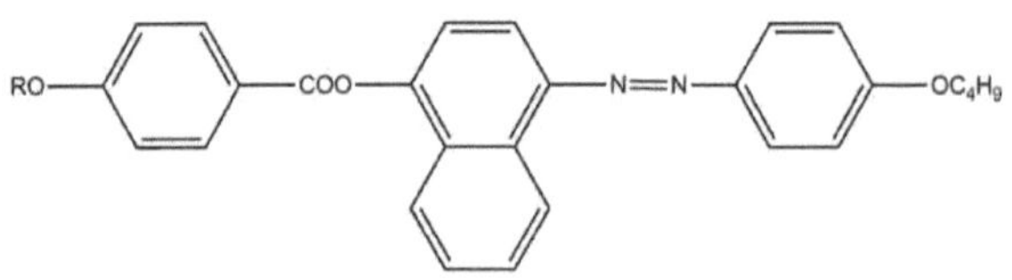

A síntese dos novos compostos foi efectuada em 4 a 5 etapas de acordo com métodos conhecidos, tal como descrito na parte experimental da secção anterior (Capítulo 2). Foi necessária uma atenção especial para obter as substâncias recém-sintetizadas em estado puro. [1]A análise elementar estava de acordo com a análise calculada e as estruturas de alguns homólogos foram confirmadas por espectros de IR e HNMR. As texturas dos homólogos foram investigadas e confirmadas pelo método de mistura.

3.1 Carácter mesomórfico da nova série homóloga sintetizada

3.1.1 Série homóloga-1: (2-[4'-n-alcoxibenzoiloxi]-naftilazo-2''-butoxibenzeno).

[0]O mesomorfismo esmectogénico e nematogénico é induzido durante a condensação de ácidos 4-n-alcoxibenzóicos diméricos e de um corante azoico (m.p. 80 C) a partir de 2-naftol e 4-butiloxianilina. As temperaturas de transição dos novos homólogos de azoésteres alternam e são relativamente mais baixas do que as dos correspondentes ácidos diméricos n-alcoxi. A formação da mesofase nematogénica e da mesofase esmectogénica inicia-se a partir dos homólogos C4 e C7, respetivamente, de forma enantiotrópica até ao último homólogo C18, enquanto a fase LC está ausente em C1, C2 e C3. As temperaturas de transição (Tabela 2), determinadas com um microscópio ótico de polarização com um estágio de aquecimento, são representadas em função do número de átomos de carbono no grupo n-alcoxi esquerdo (-OR). Um diagrama de fase constituído por curvas de transição Cr-M/I, Sm-N e N-I é gerado ligando os mesmos pontos de transição ou pontos de transição relacionados e mostra o comportamento de fase de uma nova série, como se mostra na Figura 1. A curva de transição Cr-M/I segue uma trajetória em ziguezague com uma tendência crescente e decrescente e tem um comportamento geral normal.

A curva de transição Sm-N inicialmente sobe e passa por máximos no homólogo C14 e depois desce, com um efeito par-ímpar ocorrendo de C7 a C9. Uma curva de transição N-I inicialmente desce e depois progride do homólogo C7 para um máximo no homólogo C14 e depois desce à medida que a série sobe para o homólogo C18, com o efeito par-ímpar a ocorrer do derivado C4 para o C7. O efeito par-ímpar para compostos esméticos e nemáticos ocorre até ao homólogo C9 ou C7 e depois desaparece para homólogos superiores com uma cadeia n-alquílica mais longa do grupo n-alcoxi esquerdo. As curvas de transição de Cr-M/I, Sm-N e N-I comportam-se assim normalmente com anomalias insignificantes. A curva de transição Sm-N é extrapolada para o homólogo C6
para determinar a ausência do carácter esmectogénico do homólogo C6. As texturas da fase nemática são filamentosas ou estriadas e as dos homólogos esmectogénicos são foco-conicas de tipo esmectónico A ou C. Os dados analíticos e espectrais confirmam as estruturas moleculares dos homólogos.

Todas as transições mesogénicas são enantiotrópicas e nenhuma delas é monotrópica. As temperaturas de transição dos membros ímpares são mais elevadas do que as dos membros pares até ao fim do efeito par-ímpar no homólogo (C7). Assim, o efeito par-ímpar desapareceu a partir do homólogo C7 e mais além para cadeias n-alquílicas mais longas de homólogos C8 a C18 porque as cadeias n-alquílicas mais longas podem torcer ou dobrar ou ligar-se ao eixo principal de uma estrutura de núcleo molecular para lixiviar. Por conseguinte, a adição de unidades -CH2 torna-se importante. O efeito par-ímpar é observado devido ao número par e ímpar de unidades de metileno na cadeia de n-alquilo. Por vezes, o estatuto incerto de uma cadeia n-alquílica mais longa provoca variações no comportamento normal de uma curva ou curvas de transição de um diagrama de fases. As variações no comportamento mesomórfico ou nas propriedades LC de homólogo para homólogo na mesma série são atribuídas ao aumento do comprimento molecular devido à adição progressiva e sequencial da unidade ou unidades -CH2 no grupo n-alcoxi da extremidade esquerda, o que contribui para magnitudes adequadas de adesão anisotrópica intermolecular e forças de bloqueio. A alteração da tendência do grupo n-alcoxi terminal esquerdo, deixando intacto o resto da parte molecular da mesma série, provoca variações nas propriedades moleculares.

3.1.2 Série homóloga-2: Trans-4-(4'-n-alcoxi cinamoiloxi) naftil azo- 2''-clorobenzenos

O 4-hidroxinaftil-azo-2'-clorobenzeno (M.P. 120°C, rendimento 81,38%), quando combinado com ácidos trans-4-n-alcoxicinâmicos, deu origem a corantes LC (C6 a C18) e corantes não-LC (C1 a C5) na presente série homóloga de ésteres azóicos. Os homólogos LC são enantiotropicamente nemáticos e não têm propriedades nemáticas esmectogénicas e monotrópicas. As temperaturas de transição dos novos homólogos são inferiores às dos ácidos n-alcoxicinâmicos dimerizados correspondentes. As temperaturas de transição (Quadro 6), obtidas com um microscópio ótico de polarização (POM) equipado com uma fase de aquecimento, são representadas em função do número de átomos de carbono da cadeia n-alquílica (R) ligada ao primeiro anel fenílico por um átomo de oxigénio (Figura 6) e as curvas de transição, Cr-N/I e N-I, são obtidas a partir dos pontos de ligação ou dos pontos relacionados que mostram o comportamento de fase da série. A curva de transição Cr-N/I segue uma trajetória em ziguezague com uma tendência crescente e decrescente e tem um comportamento normal. Uma curva de transição N-I é descendente, enquanto a série aumenta de forma normal sem um efeito par-ímpar. A curva de transição N-I é extrapolada a partir da homologia C7 para os homólogos C4 e C5 não mesomórficos, tendo em conta as tendências da curva para mostrar o provável efeito par-ímpar hipotético. Uma provável curva extrapolada para o efeito ímpar funde-se no homólogo C7 e depois continua como uma única curva. As texturas da fase nemática são filamentosas ou estriadas.

A estabilidade térmica para o nemático é de 145,12 e o comprimento da mesofase ou grau de mesomorfismo varia de 26,0°C a 46,0°C para os homólogos C14 e C7, respetivamente. As variações no comportamento do mesomorfismo de homólogo para homólogo na mesma série são

é observada. A diminuição das temperaturas de transição dos novos homólogos e o desaparecimento da dimerização dos ácidos aromáticos trans-n-alcoxi correspondentes são atribuídos à quebra das ligações de hidrogénio entre eles pelo processo de esterificação. A propriedade nemática dos homólogos C6 a C18 deve-se ao facto de as suas moléculas estarem orientadas num ângulo inferior a noventa graus em relação ao plano de uma superfície flutuante e resistirem às vibrações térmicas numa determinada gama de temperaturas, sendo o arranjo orientacional paralelo estático das moléculas mantido por magnitudes adequadas de forças de dispersão e interacções dipolo-dipolo como resultado de uma rigidez e flexibilidade moleculares favoráveis para efetuar a formação de mesofases nemáticas. No entanto, as magnitudes das forças de dispersão intermoleculares de coesão e proximidade, bem como as interacções dipolo-dipolo, não são adequadas para que os homólogos C1 a C5 e C6 a C18 induzam qualquer tipo de mesomorfismo, ou não induzam o empacotamento lamelar de moléculas em redes cristalinas ocupadas de cristais rígidos, levando à não mesomorfia nos homólogos C1 a C5 e à falta de carácter esmectogénico nos homólogos nematogénicos. Os homólogos mesomórficos ou não mesomórficos transformam-se num estado isotrópico após aquecimento contínuo, com ou sem a formação de um estado LC, e as moléculas são então orientadas aleatoriamente em todas as direcções possíveis com elevada desordem ou elevada entropia ou aleatoriedade de uma forma descontrolada. No entanto, ao arrefecer a partir da temperatura isotrópica e abaixo dela, a mesofase (nemática) para o homólogo mesogénico (C6 a C18) reaparece à temperatura exacta a que a mesofase se formou reversivelmente. Por conseguinte, todas as temperaturas de transição para os homólogos C6 a C18 são transições enantiotrópicas. Os homólogos não mesogénicos (C1 a C5) transitam brusca e diretamente para o estado isotrópico e solidificam por arrefecimento num estado cristalino rígido devido à sua elevada tendência para a cristalização resultante de forças de dispersão reduzidas e de interacções dipolo-dipolo reduzidas em resultado do efeito combinado desfavorável da rigidez e flexibilidade moleculares.

A ausência do efeito par-ímpar na curva N-I é atribuída à ausência de qualquer tipo de mesomorfismo nos homólogos C1, C3 e C5 com cadeias n-alquílicas mais curtas. A hipótese do efeito par-ímpar é atribuída à provável extrapolação da curva de transição N-I que coincide com o ponto isotrópico do homólogo C4 e C5 não mesogénico a partir do homólogo C7. Isto é de facto realizável. A estabilidade térmica média ordenada de 145,12 da mesofase nematogénica é devida à diminuição das temperaturas de transição N-I pela rutura das ligações de hidrogénio dos ácidos trans-n-alcoxiaromáticos dimerizados. As variações nas propriedades mesomórficas entre os homólogos da série de azoésteres atualmente estudados devem-se à alteração do número de unidades de metileno no grupo flexível esquerdo -OR, mantendo-se a restante parte molecular inalterada e a rigidez molecular inalterada em toda a série. Assim, as variações na flexibilidade molecular através de "R" do grupo -OR afectam o comportamento mesogénico (LC) de uma série constituída por azoésteres.

3.1.3 Série homóloga-3: 4-[4'-n-alcoxibenzoiloxi]-naftilazo-4''-butiloxibenzenos

Novas séries homólogas derivadas da condensação de ácidos 4-n-alcoxibenzóicos diméricos e do corante azo 4'-n-butiloxibenzeno 4-hidroxi-naftil (m.p. 132°C, rendimento 71%). As temperaturas de transição dos novos homólogos mesomórficos de azoésteres são relativamente mais baixas do que as dos ácidos n-alcoxi correspondentes. Os homólogos C1 a C5 não são mesomórficos. Os homólogos C6 a C18 são enantiotropicamente mesomórficos. Os homólogos C6 a C10 são apenas nematogénicos, enquanto os homólogos C12 a C18 são, além de nematogénicos, esmectogénicos. As temperaturas de transição dos homólogos (Tabela 9) foram determinadas usando POM. As temperaturas de transição dos homólogos foram representadas como uma função do número de átomos de carbono na cadeia n-alquílica "R" do grupo terminal -OR. As curvas de transição Cr-M/I, Sm-N, N-I foram obtidas ligando pontos semelhantes ou relacionados, como mostra um diagrama de fase (Figura 11), que apresenta o comportamento de fase da presente série. A curva de transição Cr-M/I assume um curso em ziguezague com tendência crescente e decrescente e comporta-se normalmente como esperado. A curva de transição Sm-N desce continuamente à medida que a série sobe, sem efeito par-ímpar, e tem um comportamento normal. A curva de transição N-I inicialmente sobe e desce anormalmente no homólogo C10, depois sobe através de C12 e C14 e desce normalmente, com o efeito par-ímpar a ocorrer do homólogo C6 ao C9. As curvas de transição N-I para os membros pares e ímpares dos homólogos C6 a C9 fundem-se nos homólogos C9 e depois desaparecem a partir de C9 para os homólogos superiores com uma cadeia n-alquílica "R" mais longa do grupo -OR.

A curva de transição N-I é extrapolada para a esquerda para os membros ímpares e pares para prever e determinar a temperatura de transição latente (LTT) para homólogos C4 e C5 nemáticos que não são mesomórficos: 122°C e 124°C, respetivamente. As estabilidades térmicas para as fases esmética e nemática são 115,5°C e 138,5°C, respetivamente, com comprimentos totais de mesofase entre 13,0° e 36,0°C. As texturas da fase nemática são filamentosas ou estriadas e as da fase esmética são A ou C. As propriedades mesomórficas dos homólogos variam de homólogo para homólogo na presente nova série.

A diminuição das temperaturas de transição dos novos homólogos em comparação com os ácidos n-alcoxibenzóicos diméricos correspondentes é atribuída à quebra das ligações de hidrogénio pelo processo de esterificação. As alterações da temperatura de transição observadas no diagrama de fases e o efeito par-ímpar da curva de transição N-I devem-se à presença de átomos de carbono pares e ímpares na cadeia n-alquílica "R" do grupo -OR esquerdo. A ocorrência da caraterística mesogénica, a partir do homólogo C6, é atribuída à deslocação das moléculas num ângulo inferior a noventa graus e/ou perpendicular ao plano da superfície flutuante, em função da resistência térmica às vibrações térmicas expostas, como resultado de magnitudes favoráveis de rigidez e flexibilidade moleculares induzidas por magnitudes adequadas de forças de dispersão e interacções dipolo-dipolo. Devido à deslocação das moléculas perpendicularmente ao plano da superfície flutuante sob a influência de vibrações térmicas, as moléculas tornam-se lamelares organizadas nas suas redes cristalinas e adoptam um arranjo molecular em camadas, que flutua sob a influência do calor com um arranjo molecular bidimensional, ordenado, deslizante e em camadas dentro de uma determinada gama de temperaturas e exibe um carácter esmectogénico, de homólogos C12 a C18. No entanto, o grupo de homólogos que exibem carácter esmectogénico tem forças atractivas intermoleculares residuais de extremidade a extremidade de magnitude adequada com um desvio inferior a noventa graus, o que facilita a flutuação das moléculas dos mesmos homólogos C12 a C18 com ordem orientacional estatisticamente paralela para um intervalo de temperatura ainda mais elevado para exibir uma formação de mesofase nematogénica de entropia mais elevada (AS). Depois, com o aquecimento contínuo a partir e para além da temperatura isotrópica, as mesmas moléculas orientam-se aleatoriamente em todas as direcções possíveis com ordem de desordem elevada ou entropia elevada de uma forma reversível. As moléculas dos homólogos C6 a C10, cujo único desvio da superfície de natação é inferior a noventa graus, nadam apenas com uma ordem orientacional paralela estática de magnitudes adequadas de atracções de extremidade a extremidade que permitem a formação de uma fase nemática apenas para uma determinada gama de temperaturas e excluem a formação de uma fase esmética de forma reversível.

A ausência da fase esmética ou nemática ou o não mesomorfismo dos homólogos C1 a C5 deve-se à pequena magnitude das forças de dispersão e à pequena magnitude das interacções dipolo-dipolo que conduzem a uma elevada tendência para a cristalização, o que provoca o não-mesomorfismo nos homólogos C1 a C5, que passam diretamente do estado cristalino para o isotrópico sem passar pelo estado LC e, após o arrefecimento dos mesmos, nenhum dos homólogos não-mesomórficos apresenta mesomorfismo monotrópico de forma irreversível. A tendência decrescente do efeito par-ímpar a partir e para além dos homólogos C9 da cadeia alquílica mais longa "R" dos homólogos superiores pode dobrar ou flexionar ou acoplar com os eixos principais da incerteza nuclear no estado da cadeia n-alquílica, pode o momento de dipolo permanente através dos eixos moleculares longos, as forças de dispersão extremo-a-extremo ou a rigidez e/ou flexibilidade molecular e podem induzir anomalias no comportamento da curva de transição em maior ou menor grau, dependendo das magnitudes e da natureza das modificações no estado da cadeia n-alquílica mais longa R

para além da fusão das curvas dos membros pares-ímpares dos homólogos mesogénicos, como se observou para o homólogo C10 da curva de transição N-I do presente estudo. As magnitudes da coesão e da proximidade intermoleculares variam na presente série, o que depende da polaridade molecular e da polarizabilidade diferentes para os grupos terminais -OR e $-OC_4H_9$(n), permanecendo o resto da parte molecular, exceto R, inalterada de homólogo para homólogo na mesma série. Assim, o comprimento molecular, o momento de dipolo permanente ao longo do eixo molecular longo, a polaridade e a polarizabilidade dos grupos terminais ou laterais, a rigidez e/ou flexibilidade molecular, as quantidades adequadas de coesão extremo-a-extremo e/ou lateral, etc., variam de homólogo para homólogo na mesma série e alteram as quantidades de mesomorfismo ou o grau de mesomorfismo. A curva de transição N-I extrapolada para os membros C4 e C5 não é viável devido à sua elevada tendência para cristalizar.

3.2 Comparação com séries estruturalmente semelhantes em termos de forma geométrica e estabilidade térmica

3.2.1 Série homóloga-1

As propriedades da atual série LC termotrópica são comparadas com as séries X e Y conhecidas estruturalmente semelhantes (ver Figura 26).

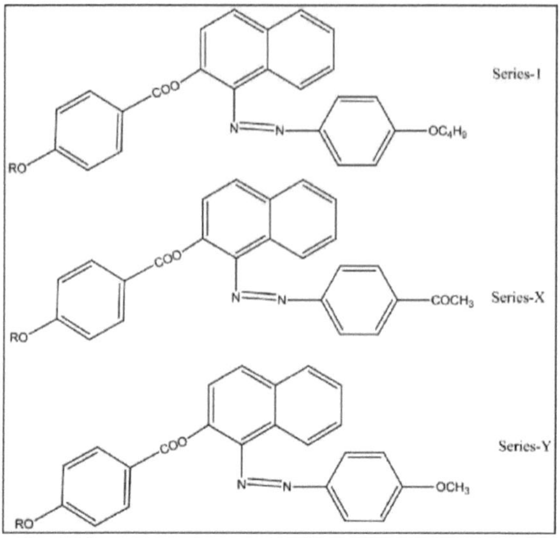

Figura 27: Séries estruturalmente semelhantes

As séries homólogas1, X e Y a comparar contêm identicamente dois anéis fenílicos e um anel naftílico ligados através de pontes centrais -COO e -N=N em posições idênticas, o que contribui para uma rigidez molecular quase idêntica e um grupo terminal n-alcoxi esquerdo (-OR) comum para o mesmo homólogo de série para série. No entanto, diferem de série para série no que diz respeito ao grupo terminal direito invulgar $-OC_4H_9(n)$ / $-O-CH_2-CH_2-CH_2-CH_3$, $-COCH_3$ ou $-CH_3$. Assim, o terminal esquerdo -OR varia de homólogo para homólogo na mesma série, com a extremidade do terminal direito a permanecer inalterada, e o grupo terminal direito também muda de série para série para o mesmo homólogo, com o resto da porção molecular a permanecer inalterada. Por conseguinte, a tendência de mudança nas propriedades LC e o grau de mesomorfismo dependem das diferentes magnitudes das forças anisotrópicas intermoleculares que ocorrem como resultado da alteração da rigidez molecular e da flexibilidade molecular devido à respectiva estrutura molecular de cada homólogo da mesma série.

Estrutura dos homólogos individuais da mesma série ou para o mesmo homólogo de série para série. A Figura 27 mostra o diagrama de preenchimento de espaço de séries estruturalmente semelhantes.

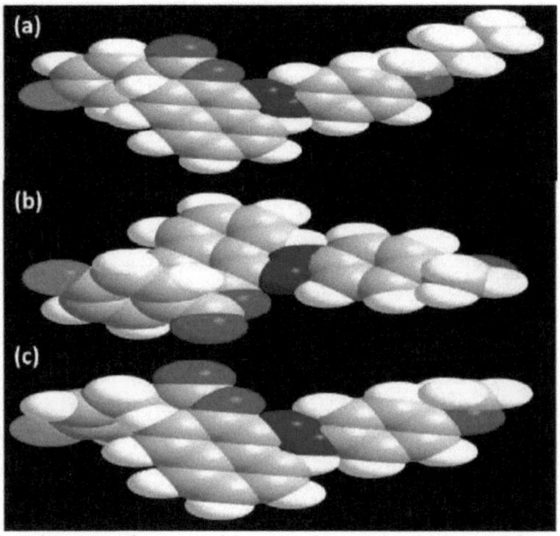

Figura 28: Diagrama de preenchimento de espaço de uma série semelhante

A curva de transição Sm-N extrapolada coincide com o ponto de transição N-I do homólogo C6, o que exclui a possibilidade de um carácter esmectogénico do homólogo C6. A tabela seguinte (Tabela 18) mostra algumas propriedades de LC da nova série termotrópica 1 e das séries conhecidas X e Y, estruturalmente semelhantes, que foram seleccionadas para comparação.

Tabela 18: Estabilidade térmica relativa em °C

Series	1(-OC_4H_9)	X(-$COCH_3$)	Y(-CH3)
Smectic-Isotropic Or Smectic-Nematic Commencement of Smectic phase	60.31 (C_7-C_{18}) C_7	-	-

Nematic- Isotropic Commencement of Nematic phase	79.6 (C_4-C_{18}) C_4	144.0 (C_6-C_{14}) C_6	127.27 (C_5-C_{14}) C_1
Total mesophase length range (Sm+N) Ci to Cp	21.0 to 57°C C_6 C_{14}	47.0 to 60.0°C C_8 C_{12}	38.0 to 41.0°C C_{14} C_2

O quadro 18 mostra que,

- A nova série homóloga 1 do presente estudo é tanto esmectogénica como nematogénica, enquanto as séries homólogas X e Y seleccionadas para o estudo comparativo são apenas nematogénicas.
- A mesofase esmectogénica inicia-se com o homólogo C7 de uma série 1, enquanto que só se inicia com o último homólogo das séries X e Y.
- 1A mesofase nematogénica começa a partir de c4, c6 e C para as séries 1, X e Y, respetivamente.
- A estabilidade térmica esmética é de 60,31 para a série 1, enquanto que não se estabiliza para a série 2.

X e Y.

- A estabilidade térmica das substâncias nemáticas é de 79,6, 144,0 e 127,27 para as séries 1, X e Y, respetivamente.
- Os comprimentos das mesofases superior e inferior diminuem da série-X, passando pela série-1, até à série-Y.

A rigidez molecular devida aos anéis fenílicos e a algumas pontes centrais com a mesma forma geométrica molecular é equivalente de homólogo para homólogo na mesma série

e para o mesmo homólogo de série para série no caso do presente estudo comparativo (série-1, X, Y). No entanto, a flexibilidade molecular varia de homólogo para homólogo na mesma série e para o mesmo homólogo de série para série, dependendo das diferentes polaridades de grupo dos grupos da extremidade esquerda e direita e da diferente polarizabilidade molecular devido à forma geométrica das moléculas. Assim, as magnitudes das forças de dispersão relacionadas com o momento de dipolo permanente ao longo do eixo molecular longo, as interacções dipolo-dipolo e/ou electrónicas e, portanto, a flexibilidade molecular, variam de homólogo para homólogo na mesma série ou de série para série; porque a soma vetorial das polaridades de ligação de -OC4H9(n), -COCH3 e -CH3 são diferentes para o mesmo homólogo de série para série e de homólogo para homólogo na mesma série.

O grupo funcional -CH3 da série-Y é menos polar do que o -COCH3. Por conseguinte, a polaridade molecular e a polarizabilidade da série-X são superiores às da série-Y para o homólogo correspondente de cada um. No entanto, o grupo terminal -OC4H9 ou -O-CH2- CH2-CH2-CH3 é mais longo do que -COCH3 e -CH3, resultando num empacotamento lamelar das moléculas em redes cristalinas rígidas, o que permite uma disposição em camadas deslizantes das moléculas no estado suspenso sob a influência de vibrações térmicas expostas antes do início da
da fase nemática relativamente a temperaturas mais baixas, abaixo de 45°C a 40°C, e estabiliza o carácter esmectogénico para além do carácter nematogénico.

O início da mesofase, quer seja esmética ou nemática, depende da extensão da não-coplanaridade molecular, que difere de série para série devido à magnitude da polaridade do grupo e à diferença na polarizabilidade, levando a um início precoce ou tardio da formação da mesofase. As temperaturas de transição mais baixas ou mais altas, que conduzem a uma estabilidade térmica média baixa ou alta, dependem da resistência oferecida pelo homólogo ou homólogos de uma única série, formando o valor da alteração de entalpia (AH) relacionado com a magnitude da resistência às vibrações térmicas expostas para facilitar a montagem molecular no estado suspenso, mantendo apenas a fase nemática ou a fase esmética ou ambas em sucessão. Assim, o grupo terminal - COCH3, que é relativamente mais polar e polarizável, provoca a maior estabilidade térmica nemática, mas não pode facilitar o empacotamento molecular lamelar nas suas redes cristalinas devido à ligação -C-C relativamente mais curta com o terceiro anel fenílico e não apresenta carácter esmectogénico em toda a sua extensão. O mesmo se aplica ao grupo terminal -CH3, que tem a ligação -C-C mais curta com o terceiro anel fenilo da série-Y. No entanto, um grupo terminal relativamente mais longo e com uma ligação etérica com o último anel fenílico através de um átomo de oxigénio pelo anel fenílico -O-CH2-CH2-CH2-CH3 facilitou a formação de mesofases esmectóticas. Por conseguinte, o tipo de ligação entre o grupo de cauda e o último anel fenílico também pode influenciar o valor (AH) de uma estrutura molecular e, assim, a flexibilidade molecular ou a estabilidade térmica através da polaridade molecular e da polarizabilidade, bem como o grau de mesomorfismo.

3.2.2 Série homóloga-2

As propriedades LC da atual nova Série-2 são comparadas com as Séries-X e -Y estruturalmente semelhantes ou análogas, como se mostra na Figura 28.

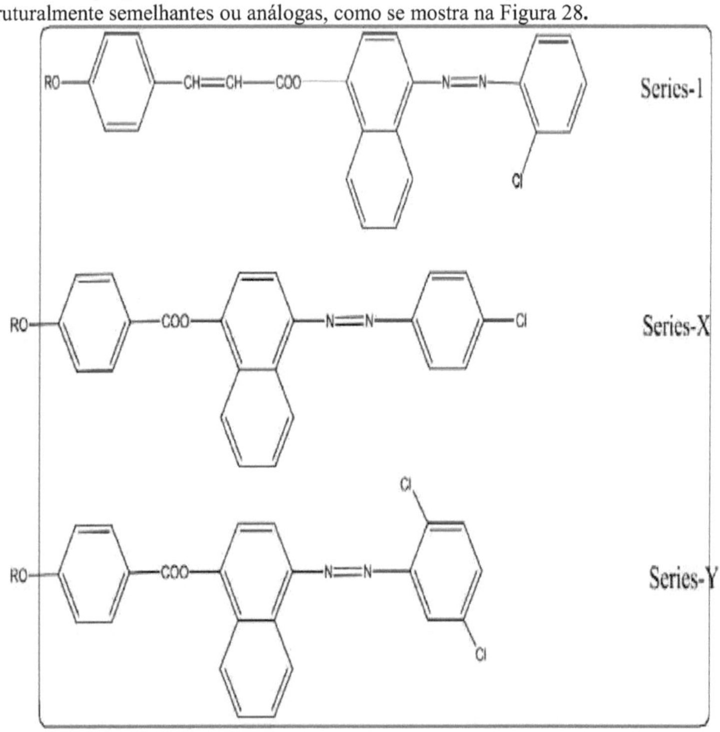

Figura 29: Séries estruturalmente semelhantes

Os homólogos da nova série de azoésteres de LC e das séries análogas-X e -Y seleccionadas para o estudo comparativo são idênticos no que diz respeito a dois anéis aromáticos de fenilo e um de naftilo, contribuindo igualmente em parte para a rigidez molecular global, e a um grupo terminal flexível esquerdo -OR idêntico para o mesmo homólogo de série para série, contribuindo igualmente e em parte para a flexibilidade molecular global. A Figura 29 mostra o diagrama de preenchimento de espaço de séries estruturalmente semelhantes.

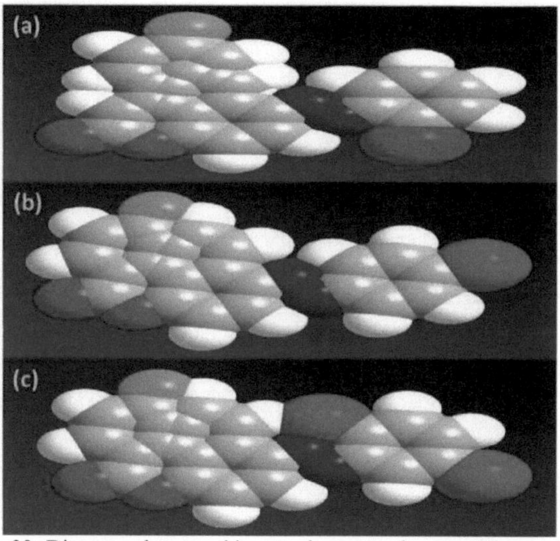

Figura 30: Diagrama de preenchimento de espaço de uma série semelhante

As pontes centrais -N=N- são abundantes em todas as séries-2, -X e -Y, ligando o anel naftílico e um terceiro anel fenílico, e contribuem parcialmente para a rigidez molecular. Contudo, as pontes centrais -CH=CH-COO- (série-2) e -COO- que ligam o primeiro e o meio dos anéis naftílicos contribuem em parte para a rigidez molecular global, e a posição de substituição do(s) grupo(s) -cloro no terceiro anel fenílico, que contribui em parte para a flexibilidade molecular global, difere para o mesmo homólogo e de homólogo para homólogo na mesma série. Assim, as diferenças nas propriedades de CL e o grau de mesomorfismo entre as séries 2, -X e -Y dependem das diferentes características das séries de azoésteres investigadas no presente estudo comparativo, como mostra a Figura 29. A Tabela 19 mostra algumas características de LC das séries 2, -X e -Y em comparação, conforme mencionado abaixo.

Tabela 19: Estabilidade térmica em °C.

Series →	2	X	Y
Sm-I or Sm-N commencement of smectic phase	_	_	_
N-I commencement of nematic phase	145.12 (C_6-C_{18}) C_6	121.9 (C_3-C_{16}) C_3	129.5 (C_5-C_{16}) C_5
Total Degree of mesomorphism (Sm+N) in °C	26.0 to 46.0 C_{14} C_7	31.0 to 50.0 C_{16} C_{12}	21.0 to 47.0 C_5 C_8

O quadro 19 mostra que,

- Todos os homólogos investigados no estudo comparativo são apenas nematogénicos, sem formar mesofases esmectogénicas.
- A formação da mesofase nematogénica começa, em primeiro lugar, a partir do homólogo C3 na série-X, depois a partir do homólogo C5 na série-Y e, finalmente, apenas a partir do homólogo C6 na série-2.
- A estabilidade térmica das substâncias nemáticas diminui por ordem decrescente da

série-2 para a série-Y e para a série-X.

- O grau superior de mesomorfismo está na ordem decrescente da linha-X para a linha-Y para a linha-2 e o grau inferior de mesomorfismo está na ordem decrescente da linha-X para a linha-2 para a linha-Y.

O facto de as três séries de azoésteres apresentarem propriedades nematogénicas deve-se à presença de uma unidade naftil nas moléculas em causa, independentemente das diferentes pontes centrais -CH=CH-COO- ou -COO- que ligam o primeiro anel e o anel naftil. No entanto, uma ponte central -CH=CH-COO- no caso da nova série-2, que é mais longa do que uma ponte central -COO- das séries-X e -Y através de uma unidade -CH=CH-, provoca uma maior não-coplanaridade devido a uma torção causada pelos átomos de oxigénio do grupo vinilcarboxilo que choca com os átomos de hidrogénio vizinhos não ligados dos anéis aromáticos. Devido a esta diferença, a estabilidade térmica isotrópica nemática da série 2 é superior às estabilidades térmicas N-I das séries X e Y. Além disso, foi adicionada uma unidade -CH=CH- a uma ligação dupla conjugada, o que aumenta a rigidez molecular mais do que a correspondente ponte central -COO-, favorecendo a magnitude adequada das forças anisotrópicas de atração extremo-a-extremo, independentemente do grupo orto- ou para- mono-, cloro- ou dicloro- substituído no último anel fenílico. A redução da atração intermolecular de extremidade a extremidade através da substituição da ponte central -CH=CH-COO- por -COO- e o aumento da distância intermolecular, que reflecte o fator de polarizabilidade, pelo grupo -Cl adicionado na posição "5" da série-Y reduz a estabilidade térmica e provoca um início precoce da mesofase nas séries-X e Y a partir dos homólogos C3 e C5, respetivamente. Os homólogos C5 em comparação com a série-2 do presente estudo, em que a mesofase nemática começa tardiamente a partir do homólogo C7, A magnitude adequada da rigidez e da flexibilidade conduz, assim, à formação tardia da mesofase no caso da Figura 30.

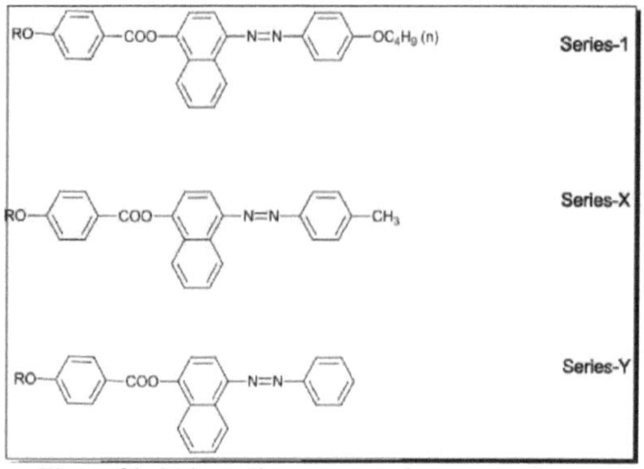

Figura 31: Séries análogas estruturalmente semelhantes

As séries homólogas acima referidas-3, -X e -Y estudadas comparativamente são idênticas no que respeita a dois anéis fenílicos e um anel naftílico (médio), bem como a duas pontes centrais -COO- e -N=N-, que contribuem para a rigidez molecular global. Os grupos n-alcoxi da esquerda são idênticos de série para série para o mesmo homólogo nas três séries, mas diferem de homólogo para homólogo na mesma série, contribuindo em parte para a flexibilidade molecular global. A Figura 31 mostra o diagrama de preenchimento de espaço das séries estruturalmente semelhantes.

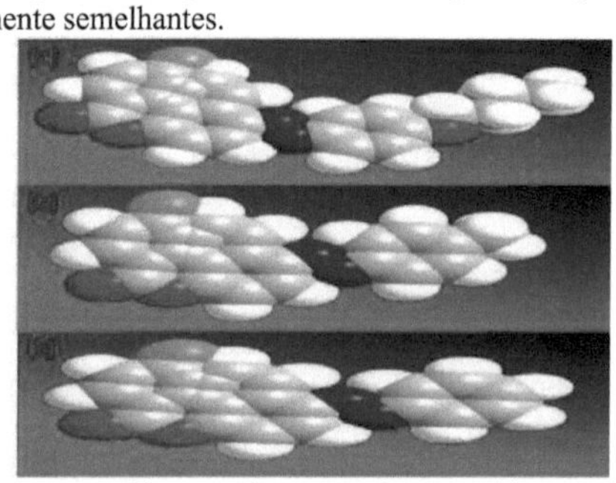

Figura 32: Diagrama de preenchimento de espaço de uma série semelhante

Os grupos de cauda -O-CH2-CH2-CH2-CH3, -CH3 e -H diferem de série para série para o mesmo homólogo, mas permanecem inalterados de homólogo para homólogo na mesma série respectiva, contribuindo em parte para a flexibilidade molecular global. Assim, as tendências de mudança nos traços mesogénicos e o grau de mesomorfia dependem das magnitudes dos traços em mudança nas séries-3, -X e -Y. Assim, o grau de mesomorfia depende das características variáveis das séries-3, -X e -Y investigadas no estudo comparativo como consequência da rigidez molecular efectiva, da flexibilidade e da resistência térmica às vibrações térmicas expostas. Na Tabela 20 seguinte, alguns dados termométricos das Séries 3, -X e -Y são apresentados de forma comparativa, conforme mencionado abaixo.

Tabela 20: Estabilidades térmicas relativas em °C

Series →	Series-3 ($-OC_4H_9$)	Series-X($-CH_3$)	Series-Y(-H)
Sm-N Or Sm-I Commencement of Smectic phase	115.5 (C_{12}-C_{18}) C_{12}	–	–
N-I Commencement of nematic phase	138.5 (C_6-C_{18}) C_4	128.63 (C_1-C_{14}) C_1	140.45 (C_1-[illegible])
Total mesophase length in °C	13.0 to 36.0 C_7 C_{14}	10.0 to 41.0 C_{14} C_8	17.0 to 62.0 C_3 C_8

O quadro 20, com dados comparativos, mostra que,

- A série homóloga-3 do presente estudo é esmectogénica e nematogénica, enquanto as séries homólogas-X e -Y seleccionadas para o estudo comparativo são apenas nematogénicas e não têm propriedades esmectogénicas.
- O início da mesofase começa com o homólogo C6 da atual série-3, ao passo que começa no mínimo com o primeiro membro C_1 das séries-X e -Y comparadas.
- A estabilidade térmica do esmético da nova série-3 atual é de 115,5, mas não estabiliza até ao último homólogo das séries-X e -Y.

A ausência da propriedade esmectogénica das séries homólogas X e Y indica a ausência de empacotamento lamelar das moléculas nas suas redes cristalinas ocupadas, o que, consequentemente, representa a ausência de uma disposição em camadas deslizantes das moléculas sob a influência das vibrações térmicas expostas enquanto flutuam na superfície, devido à baixa resistência térmica à energia térmica exposta, que orienta as moléculas num ângulo inferior a noventa graus (e não perpendicular à superfície flutuante) para manter apenas a ordem orientacional estasticamente paralela das moléculas para induzir apenas um carácter nematogénico como a série-3 do presente estudo. Este efeito pode estar relacionado com a ordem decrescente de polaridade e polarizabilidade dos grupos terminais -OCH2-CH2-CH2-CH3, -CH3, -H para as séries-3, -X e -Y. O início tardio da formação da mesofase da série-3 a partir do homólogo C6, em comparação com as séries-X e -Y, em que a mesofase começa a partir do primeiro membro (C1) da série, deve-se à extensão da não-coplanaridade molecular causada pelos grupos laterais ou terminais ou centrais e à sua polaridade e polarizabilidade. Os grupos de cauda da série-3 são -CH2-CH2-CH2-CH3, que em comparação são três (série-X) e quatro (série-Y) grupos -CH2 mais longos nas séries homólogas -X e -Y, respetivamente, levando a diferenças na extensão da não-coplanaridade molecular e linearidade ou não-linearidade molecular, que se reflectem em diferentes magnitudes de coesão e proximidade intermoleculares. Quanto à estabilidade térmica, que está relacionada com a energia armazenada numa molécula como calor de formação (AH) devido à sua massa e propriedades, esta é a consequência da diferente rigidez e flexibilidade molecular das séries individuais comparadas. Por exemplo, a série de azoésteres que contém unidades naftílicas é geralmente ou predominantemente nematogénica, mas a introdução do grupo n-butiloxi como grupo final conduz a propriedades esmectogénicas parciais.

Índice

MIX
Papier aus verantwortungsvollen Quellen
Paper from responsible sources
FSC® C105338

Printed by Books on Demand GmbH, Norderstedt / Germany